1+X 职业技能鉴定考核指导手册

化妆师

（第2版）

四 级

编审委员会

主　　任　　仇朝东

委　　员　　葛恒双　顾卫东　宋志宏　杨武星　孙兴旺
　　　　　　刘汉成　葛　玮

执行委员　　孙兴旺　张鸿樑　李　晔　瞿伟洁

中国劳动社会保障出版社

图书在版编目(CIP)数据

化妆师:四级/上海市职业技能鉴定中心组织编写—2版.—北京:中国劳动社会保障出版社,2013

1+X职业技能鉴定考核指导手册

ISBN 978-7-5167-0295-6

Ⅰ.①化… Ⅱ.①上… Ⅲ.①化妆-职业技能-鉴定-自学参考资料 Ⅳ.①TS974.1

中国版本图书馆CIP数据核字(2013)第163714号

中国劳动社会保障出版社出版发行

(北京市惠新东街1号 邮政编码:100029)

出版人:张梦欣

*

北京市艺辉印刷有限公司印刷装订 新华书店经销

787毫米×960毫米 16开本 8.75印张 142千字

2013年7月第2版 2015年7月第2次印刷

定价:20.00元

读者服务部电话:(010)64929211/64921644/84643933

发行部电话:(010)64961894

出版社网址:http://www.class.com.cn

版权专有 侵权必究

如有印装差错,请与本社联系调换:(010)80497374

我社将与版权执法机关配合,大力打击盗印、销售和使用盗版图书活动,敬请广大读者协助举报,经查实将给予举报者重奖。

举报电话:(010)64954652

改版说明

1＋X职业技能鉴定考核指导手册《化妆师（四级）》自2009年出版以来深受从业人员的欢迎，在化妆师（四级）职业资格鉴定、职业技能培训和岗位培训中发挥了很大的作用。

随着我国科技进步、产业结构调整、市场经济的不断发展，新的国家和行业标准的相继颁布和实施，对化妆师（四级）的职业技能提出了新的要求。2012年上海市职业技能鉴定中心组织有关方面的专家和技术人员，对化妆师（四级）的鉴定考核题库进行了提升，计划于2013年公布使用，并按照新的化妆师（四级）职业技能鉴定考核题库对指导手册进行了改版，以便更好地为参加培训鉴定的学员和广大从业人员服务。

前　　言

职业资格证书制度的推行,对广大劳动者系统地学习相关职业的知识和技能,提高就业能力、工作能力和职业转换能力有着重要的作用和意义,也为企业合理用工以及劳动者自主择业提供了依据。

随着我国科技进步、产业结构调整以及市场经济的不断发展,特别是加入世界贸易组织以后,各种新兴职业不断涌现,传统职业的知识和技术也愈来愈多地融进当代新知识、新技术、新工艺的内容。为适应新形势的发展,优化劳动力素质,上海市人力资源和社会保障局在提升职业标准、完善技能鉴定方面做了积极的探索和尝试,推出了1+X培训鉴定模式。1+X中的1代表国家职业标准,X是为适应上海市经济发展的需要,对职业标准进行的提升,包括了对职业的部分知识和技能要求进行的扩充和更新。上海市1+X的培训鉴定模式,得到了国家人力资源和社会保障部的肯定。

为配合上海市开展的1+X培训与鉴定考核的需要,使广大职业培训鉴定领域专家以及参加职业培训鉴定的考生对考核内容和具体考核要求有一个全面的了解,人力资源和社会保障部教材办公室、中国就业培训技术指导中心上海分中心、上海市职业技能鉴定中心联合组织有关方面的专家、技术人员共同编写了《1+X职业技能鉴定考核指导手册》。该手册由"理论知识复习题""操作技能复习题"和"理论知识模拟试卷及操作技能模拟试卷"三大块内容组成,书中介绍了题库的命题依据、试卷结构和题型题量，同时从上海市1+X鉴定题库中抽取部分理论知识题、操作技能试题和模拟样卷供考生参考和练习，便于考生能够有针对性地进行考前复习准备。今后我们会随着国家职业标准以及鉴定题库的提升，逐步对手册内容进行补充和完善。

本系列手册在编写过程中，得到了有关专家和技术人员的大力支持，在此一并表示感谢。

由于时间仓促，缺乏经验，如有不足之处，恳请各使用单位和个人提出宝贵意见和建议。

1+X职业技能鉴定考核指导手册

编审委员会

目 录

CONTENTS　1+X职业技能鉴定考核指导手册

化妆师职业简介 ……………………………………………………（1）

第1部分　化妆师（四级）鉴定方案 ……………………………（2）

第2部分　鉴定要素细目表 ………………………………………（4）

第3部分　理论知识复习题 ………………………………………（18）

  西方化妆简史 ……………………………………………………（18）

  化妆师的个人素养 ………………………………………………（18）

  表演化妆概述 ……………………………………………………（20）

  表演化妆基本技法 ………………………………………………（21）

  表演化妆的范畴 …………………………………………………（23）

  化妆绘画基础 ……………………………………………………（41）

  服饰与化妆 ………………………………………………………（46）

  发式造型 …………………………………………………………（50）

第 4 部分　操作技能复习题 ………………………………………………（ 62 ）
　　彩妆设计稿 ……………………………………………………………（ 62 ）
　　化妆造型 ………………………………………………………………（ 65 ）
第 5 部分　理论知识考试模拟试卷及答案 ………………………………（ 90 ）
第 6 部分　操作技能考核模拟试卷 ………………………………………（108）

化妆师职业简介

一、职业名称

化妆师。

二、职业定义

能正确选择并利用各种化妆材料，用熟练的化妆手段与方法，根据用途以化妆对象自身条件为基础，进行改变或美化其外貌，从而塑造各种人物形象的人员。

三、主要工作内容

从事的工作主要包括：(1) 塑造生活淡妆、时尚妆、宴会妆、婚礼妆；(2) 能用色彩和素描的形式塑造表演及相关领域基础化妆（模特妆、影像妆、角色妆、表演化妆）；(3) 造型化妆（年龄妆、种族妆、年代妆）。

第1部分
化妆师（四级）鉴定方案

一、鉴定方式

化妆师（四级）的鉴定方式分为理论知识考试和操作技能考核。理论知识考试采用闭卷计算机机考方式，操作技能考核采用现场实际操作方式。理论知识考试和操作技能考核均实行百分制，成绩皆达60分及以上者为合格。理论知识或操作技能不及格者可按规定分别补考。

二、理论知识考试方案（考试时间90 min）

题型 \ 题库参数	考试方式	鉴定题量	分值（分/题）	配分（分）
判断题	闭卷机考	60	0.5	30
单项选择题		140	0.5	70
小 计	—	200	—	100

三、操作技能考核方案

考核项目表

职业（工种）名称			化妆师		等级		四级	
职业代码								
序号	项目名称	单元编号	单元内容		考核方式	选考方法	考核时间（min）	配分（分）
1	彩妆设计稿	1	面部彩妆设计稿		操作	必考	60	20
2	化妆造型	1	婚礼妆		操作	抽一	70	45
		2	宴会妆		操作			
		3	模特妆		操作	必考	70	35
合　计							200	100
备注	1. "婚礼妆""宴会妆""模特妆"的发型制作均在场内完成 2. 化妆完成后，需进行主题说明，所用时间计算在评分时间中							

第2部分

鉴定要素细目表

职业（工种）名称					化妆师	等级	四级
职业代码							
序号	鉴定点代码				鉴定点内容	备注	
	章	节	目	点			
	1				西方化妆简史		
	1	1			西方化妆起源		
	1	1	1		西方化妆起源		
1	1	1	1	1	西方化妆起源		
	1	2			西方化妆发展		
	1	2	1		西方化妆发展		
2	1	2	1	1	西方化妆发展		
	2				化妆师的个人素养		
	2	1			化妆师的基本素质		
	2	1	1		化妆师的健康心理		
3	2	1	1	1	稳定的情绪		
4	2	1	1	2	愉快的心境		
5	2	1	1	3	正确的人生观		
6	2	1	1	4	人际关系的和谐		
	2	1	2		化妆师的气质		
7	2	1	2	1	气质的含义		
8	2	1	2	2	化妆师的气质培养		

第 2 部分　鉴定要素细目表

续表

职业（工种）名称				化妆师	等级	四级
职业代码						
序号	鉴定点代码				鉴定点内容	备注
	章	节	目	点		
	2	1	3		化妆师的风度	
9	2	1	3	1	风度的含义	
10	2	1	3	2	化妆师的风度培养	
	2	2			化妆师人际沟通与交流	
	2	2	1		化妆师人际沟通与交流	
11	2	2	1	1	化妆师人际沟通与交流的重要性	
12	2	2	1	2	化妆师人际沟通与交流的含义	
13	2	2	1	3	化妆师语言举止要素	
14	2	2	1	4	化妆师与陌生人交流诀窍	
	3				表演化妆概述	
	3	1			表演化妆的定义、作用与演变	
	3	1	1		表演化妆的定义与作用	
15	3	1	1	1	表演化妆的定义	
16	3	1	1	2	表演化妆的作用	
	3	1	2		表演化妆的演变	
17	3	1	2	1	表演化妆的演变	
	3	2			表演化妆的用品与工具	
	3	2	1		表演化妆用品的介绍、选择与应用	
18	3	2	1	1	表演化妆用品的介绍	
19	3	2	1	2	表演化妆用品的选择与使用	
	3	2	2		化妆工具的介绍、选择与使用	
20	3	2	2	1	化妆工具的介绍	
21	3	2	2	2	化妆工具的选择与使用	
	4				表演化妆基本技法	
	4	1			绘画化妆法	
	4	1	1		绘画化妆法概述	

续表

职业（工种）名称				化妆师	等级	四级
职业代码						
序号	鉴定点代码			鉴定点内容		备注
	章	节	目	点		
22	4	1	1	1	绘画原理与化妆	
23	4	1	1	2	绘画化妆法的定义	
24	4	1	1	3	绘画化妆与绘画的区别	
25	4	1	1	4	绘画化妆法的作用	
26	4	1	1	5	绘画化妆法的运用	
	4	1	2		几种常用表现方法	
27	4	1	2	1	线条造型	
28	4	1	2	2	色彩修饰	
29	4	1	2	3	明暗层次	
	4	2			立体化妆法	
	4	2	1		立体化妆法概述	
30	4	2	1	1	立体化妆法的定义	
31	4	2	1	2	立体化妆的种类与特征	
32	4	2	1	3	立体化妆法的作用	
	4	2	2		几种常用表现方法	
33	4	2	2	1	毛发工具的选择与制作技巧	
34	4	2	2	2	牵引工具的选择与制作技巧	
35	4	2	2	3	粘贴工具的选择与制作技巧	
36	4	2	2	4	塑型工具的选择与制作技巧	
	5				表演化妆的范畴	
	5	1			模特妆	
	5	1	1		模特妆的特点	
37	5	1	1	1	模特妆的特点	
	5	1	2		不同用途模特妆及化妆技法	
38	5	1	2	1	动态展示模特妆概述	
39	5	1	2	2	动态展示模特妆的特点	

续表

职业（工种）名称				化妆师	等级	四级
职业代码						
序号	鉴定点代码			鉴定点内容	备注	
	章	节	目	点		
40	5	1	2	3	动态展示模特妆的要求	
41	5	1	2	4	动态展示模特妆的用途	
42	5	1	2	5	杂志摄影模特妆概述	
43	5	1	2	6	杂志摄影模特妆的特点	
44	5	1	2	7	杂志摄影模特妆的要求	
45	5	1	2	8	杂志摄影模特妆的用途	
46	5	1	2	9	电视广告模特妆概述	
47	5	1	2	10	电视广告模特妆的特点	
48	5	1	2	11	电视广告模特妆的要求	
49	5	1	2	12	电视广告模特妆的用途	
	5	1	3		模特妆与流行动态	
50	5	1	3	1	流行色彩的运用	
51	5	1	3	2	流行材料的运用	
52	5	1	3	3	流行风格的运用	
53	5	1	3	4	体现流行的要点	
	5	2			摄影化妆	
	5	2	1		主持人妆	
54	5	2	1	1	电视节目类主持人妆的特点	
55	5	2	1	2	电视节目类节目形象要求	
56	5	2	1	3	新闻类主持人妆的特点	
57	5	2	1	4	新闻类节目形象要求	
58	5	2	1	5	娱乐类主持人妆的特点	
59	5	2	1	6	娱乐类节目形象要求	
60	5	2	1	7	综艺节目妆——普通歌舞妆的特点	
61	5	2	1	8	普通歌舞妆技巧	
	5	2	2		黑白摄影人像妆	

续表

职业（工种）名称					化妆师	等级	四级
职业代码							
序号	鉴定点代码				鉴定点内容	备注	
	章	节	目	点			
62	5	2	2	1	妆面特点		
63	5	2	2	2	化妆技法		
64	5	2	2	3	注意事项		
	5	2	3		彩色摄影人像妆		
65	5	2	3	1	妆面特点		
66	5	2	3	2	化妆技法		
67	5	2	3	3	注意事项		
	5	2	4		不同用途摄影与化妆的关系		
68	5	2	4	1	商业用途摄影化妆的概念		
69	5	2	4	2	商业用途摄影化妆的范围		
70	5	2	4	3	非商业用途摄影化妆的概念		
71	5	2	4	4	非商业用途摄影化妆的范围		
	5	2	5		光线、背景、服装与化妆的关系		
72	5	2	5	1	光线对化妆的影响		
73	5	2	5	2	光与光影		
74	5	2	5	3	光与色彩		
75	5	2	5	4	光线的强弱		
76	5	2	5	5	光线的角度		
77	5	2	5	6	背景对化妆的影响		
78	5	2	5	7	服装对化妆的影响		
	5	3			角色妆基础		
	5	3	1		头部骨骼与化妆		
79	5	3	1	1	头部骨骼的名称		
80	5	3	1	2	头部骨骼的形状		
81	5	3	1	3	头部特征的差异		
82	5	3	1	4	人种的差异		

续表

职业（工种）名称				化妆师	等级	四级
职业代码						
序号	鉴定点代码				鉴定点内容	备注
	章	节	目	点		
83	5	3	1	5	年龄的差异	
84	5	3	1	6	性别的差异	
85	5	3	1	7	头部骨骼与化妆的关系	
86	5	3	1	8	表现骨骼妆的基本方法	
87	5	3	1	9	表现骨骼妆的操作技巧	
	5	3	2		表情肌肉与化妆	
88	5	3	2	1	肌肉走向与外形	
89	5	3	2	2	主要表情肌肉名称	
90	5	3	2	3	主要表情肌肉的运动方向	
91	5	3	2	4	肌肉与化妆的关系	
92	5	3	2	5	表现肌肉妆的基本方法	
93	5	3	2	6	表现肌肉妆的操作技巧	
	5	3	3		脸部胖瘦特征与化妆	
94	5	3	3	1	脸部胖瘦特征概述	
95	5	3	3	2	使人显胖的肤色化妆的基本方法	
96	5	3	3	3	使人显胖的肤色化妆的操作技巧	
97	5	3	3	4	使人显瘦的肤色化妆的基本方法	
98	5	3	3	5	使人显瘦的肤色化妆的操作技巧	
99	5	3	3	6	使人显胖、显瘦的脸形化妆基本方法	
100	5	3	3	7	使人显胖、显瘦的脸形化妆操作技巧	
101	5	3	3	8	使人显胖的结构化妆基本方法	
102	5	3	3	9	使人显胖的结构化妆操作技巧	
103	5	3	3	10	使人显瘦的结构化妆基本方法	
104	5	3	3	11	使人显瘦的结构化妆操作技巧	
105	5	3	3	12	使人显胖的五官化妆基本方法	
106	5	3	3	13	使人显胖的五官化妆操作技巧	

续表

职业（工种）名称					化妆师	等级	四级
职业代码							
序号	鉴定点代码				鉴定点内容	备注	
	章	节	目	点			
107	5	3	3	14	使人显瘦的五官化妆基本方法		
108	5	3	3	15	使人显瘦的五官化妆操作技巧		
109	5	3	3	16	脸部胖瘦化妆要点		
110	5	3	3	17	脸部胖瘦化妆注意事项		
111	5	3	3	18	化妆技法在不同妆型中的运用		
	5	3	4		年龄特征与化妆		
112	5	3	4	1	不同年龄的特征		
113	5	3	4	2	中年外形特征		
114	5	3	4	3	表现中年的化妆技法		
115	5	3	4	4	增加年龄感，肤色的化妆基本方法		
116	5	3	4	5	增加年龄感，肤色的化妆操作技巧		
117	5	3	4	6	减少年龄感，肤色的化妆基本方法		
118	5	3	4	7	减少年龄感，肤色的化妆操作技巧		
119	5	3	4	8	增加年龄感，面部结构的化妆基本方法		
120	5	3	4	9	增加年龄感，面部结构的化妆操作技巧		
121	5	3	4	10	减少年龄感，面部结构的化妆基本方法		
122	5	3	4	11	减少年龄感，面部结构的化妆操作技巧		
123	5	3	4	12	增加年龄感，五官的化妆基本方法		
124	5	3	4	13	增加年龄感，五官的化妆操作技巧		
125	5	3	4	14	减少年龄感，五官的化妆基本方法		
126	5	3	4	15	减少年龄感，五官的化妆操作技巧		
127	5	3	4	16	增加年龄感，皱纹的化妆基本方法		
128	5	3	4	17	增加年龄感，皱纹的化妆操作技巧		
129	5	3	4	18	减少年龄感，皱纹的化妆基本方法		
130	5	3	4	19	减少年龄感，皱纹的化妆操作技巧		
131	5	3	4	20	增加年龄感，须发的化妆基本方法		

续表

职业（工种）名称					化妆师	等级	四级
职业代码							
序号	鉴定点代码				鉴定点内容	备注	
	章	节	目	点			
132	5	3	4	21	增加年龄感，须发的化妆操作技巧		
133	5	3	4	22	减少年龄感，须发的化妆基本方法		
134	5	3	4	23	减少年龄感，须发的化妆操作技巧		
	5	3	5		化妆的步骤		
135	5	3	5	1	整体设计		
136	5	3	5	2	妆前护理		
137	5	3	5	3	调整肤色		
138	5	3	5	4	调整结构		
139	5	3	5	5	五官刻画		
140	5	3	5	6	调整肌理		
141	5	3	5	7	调整发型		
142	5	3	5	8	化妆要点		
143	5	3	5	9	注意事项		
	6				化妆绘画基础		
	6	1			素描		
	6	1	1		艺用人物头部解剖常识		
144	6	1	1	1	头部骨骼		
145	6	1	1	2	头部骨骼的基本特征		
146	6	1	1	3	肌肉解剖		
147	6	1	1	4	肌肉的基本特征		
	6	1	2		头像的绘画技法		
148	6	1	2	1	头部比例		
149	6	1	2	2	五官比例配置		
150	6	1	2	3	头部透视基础理论		
151	6	1	2	4	头部正面透视变化		
152	6	1	2	5	头部侧面透视变化		

续表

职业（工种）名称				化妆师	等级	四级
职业代码						
序号	鉴定点代码				鉴定点内容	备注
	章	节	目	点		
153	6	1	2	6	石膏头像绘画技法	
154	6	1	2	7	石膏头像的比例结构	
155	6	1	2	8	石膏头像的明暗变化	
156	6	1	2	9	人物头像素描的绘画技法	
157	6	1	2	10	人物头像素描的结构比例	
158	6	1	2	11	人物头像素描的明暗变化	
159	6	1	2	12	人物头像素描的相貌特征	
	6	2			色彩	
	6	2	1		色彩学的基础理论	
160	6	2	1	1	色彩的对比	
161	6	2	1	2	化妆中色彩的对比运用方法	
162	6	2	1	3	色彩的调和	
163	6	2	1	4	化妆中色彩的搭配调和技巧与运用	
	6	2	2		色彩的表现	
164	6	2	2	1	色彩的心理	
165	6	2	2	2	色彩的联想	
166	6	2	2	3	色彩的情感	
167	6	2	2	4	色彩的象征	
168	6	2	2	5	色彩的语言	
169	6	2	2	6	色彩的性格表现力	
	6	2	3		头像彩铅临摹	
170	6	2	3	1	头像彩铅临摹技巧	
171	6	2	3	2	彩铅临摹中人物的神形刻画	
	6	2	4		头像彩铅表现	
172	6	2	4	1	头像彩铅比例结构的表现	
173	6	2	4	2	头像彩铅色彩的表现	

续表

职业（工种）名称				化妆师	等级	四级
职业代码						
序号	鉴定点代码			鉴定点内容	备注	
	章	节	目	点		
174	6	2	4	3	头像彩铅明暗的表现	
	7				服饰与化妆	
	7	1			服饰的理论基础	
	7	1	1		服饰搭配概述	
175	7	1	1	1	服饰搭配的TPO原则	
176	7	1	1	2	服饰搭配的目的	
177	7	1	1	3	服饰搭配的形式美学原理	
178	7	1	1	4	服饰与化妆搭配的技巧	
	7	1	2		服装的基本造型和选择	
179	7	1	2	1	服装款式与化妆造型搭配技巧	
180	7	1	2	2	服装的基本造型	
181	7	1	2	3	服装色彩的运用	
182	7	1	2	4	服装色彩与化妆的关系	
183	7	1	2	5	服装的选择	
184	7	1	2	6	不同场合的服装与化妆的搭配技巧	
	7	1	3		服饰配件基本造型和选择	
185	7	1	3	1	服饰配件的基本造型	
186	7	1	3	2	服饰配件基本造型与化妆的搭配技巧	
187	7	1	3	3	服饰配件的基本造型在化妆造型中的运用	
188	7	1	3	4	服饰配件的选择	
189	7	1	3	5	服饰配件与不同化妆造型的搭配	
	7	2			服饰与形象塑造的关系	
	7	2	1		服装与形象塑造的关系	
190	7	2	1	1	服装色彩与形象塑造	
191	7	2	1	2	服装色彩与形象塑造在个性化妆中的运用技巧	
192	7	2	1	3	服装款式与形象塑造	

续表

职业（工种）名称					化妆师	等级	四级
职业代码							
序号	鉴定点代码				鉴定点内容	备注	
	章	节	目	点			
193	7	2	1	4	服装款式与形象塑造在个性化妆中的运用技巧		
	7	2	2		服饰配件与形象塑造的关系		
194	7	2	2	1	服饰配件色彩与形象塑造		
195	7	2	2	2	服饰配件色彩与形象塑造在个性化妆中的运用技巧		
196	7	2	2	3	服饰配件款式与形象塑造		
197	7	2	2	4	服饰配件款式与形象塑造在个性化妆中的运用技巧		
	8				发式造型		
	8	1			发式造型发展简史		
	8	1	1		中国发式发展简史		
198	8	1	1	1	中国各朝代发型的主要特征		
199	8	1	1	2	特色发式造型		
	8	1	2		外国发式发展简史		
200	8	1	2	1	外国各朝代发型的主要特征		
201	8	1	2	2	特色发式造型		
	8	2			发式造型的应用		
	8	2	1		发式造型与脸形及局部问题的修正		
202	8	2	1	1	圆形脸发型的选择		
203	8	2	1	2	圆形脸发型的造型技巧		
204	8	2	1	3	方形脸发型的选择		
205	8	2	1	4	方形脸发型的造型技巧		
206	8	2	1	5	长脸发型的选择		
207	8	2	1	6	长脸发型的造型技巧		
208	8	2	1	7	菱形脸发型的选择		
209	8	2	1	8	菱形脸发型的造型技巧		
210	8	2	1	9	正三角形脸发型的选择		
211	8	2	1	10	正三角形脸发型的造型技巧		

续表

职业（工种）名称				化妆师	等级	四级
职业代码						
序号	鉴定点代码			鉴定点内容		备注
	章	节	目	点		

序号	章	节	目	点	鉴定点内容	备注
212	8	2	1	11	倒三角形脸发型的选择	
213	8	2	1	12	倒三角形脸发型的造型技巧	
214	8	2	1	13	宽额头发型的选择	
215	8	2	1	14	宽额头发型的造型技巧	
216	8	2	1	15	眼部过小发型的选择	
217	8	2	1	16	眼部过小发型的造型技巧	
218	8	2	1	17	眼距过宽发型的选择	
219	8	2	1	18	眼距过宽发型的造型技巧	
220	8	2	1	19	眼距过窄发型的选择	
221	8	2	1	20	眼距过窄发型的造型技巧	
	8	2	2		发式造型与妆型	
222	8	2	2	1	电视节目主持人妆	
223	8	2	2	2	新闻类主持人妆	
224	8	2	2	3	春晚节目主持人妆	
225	8	2	2	4	娱乐类主持人妆	
226	8	2	2	5	角色妆	
227	8	2	2	6	模特妆	
	8	2	3		发式造型与体形	
228	8	2	3	1	矮胖体形发型的选择	
229	8	2	3	2	矮胖体形发型的造型技巧	
230	8	2	3	3	高瘦体形发型的选择	
231	8	2	3	4	高瘦体形发型的造型技巧	
232	8	2	3	5	上大下小体形发型的选择	
233	8	2	3	6	上大下小体形发型的造型技巧	
234	8	2	3	7	菱形体形发型的选择	
235	8	2	3	8	菱形体形发型的造型技巧	

续表

职业（工种）名称				化妆师	等级	四级
职业代码						
序号	鉴定点代码				鉴定点内容	备注
	章	节	目	点		
236	8	2	3	9	头大体形发型的选择	
237	8	2	3	10	头大体形发型的造型技巧	
238	8	2	3	11	头小体形发型的选择	
239	8	2	3	12	头小体形发型的造型技巧	
240	8	2	3	13	矮小体形发型的选择	
241	8	2	3	14	矮小体形发型的造型技巧	
242	8	2	3	15	高大体形发型的选择	
243	8	2	3	16	高大体形发型的造型技巧	
	8	2	4		发饰与造型	
244	8	2	4	1	发饰的种类	
245	8	2	4	2	发饰的选配	
246	8	2	4	3	发饰与整体造型的搭配技巧	
	8	2	5		发式造型与服装	
247	8	2	5	1	发色与服装色彩	
248	8	2	5	2	发色与服装色彩的搭配技巧	
249	8	2	5	3	发式与服装造型	
250	8	2	5	4	发色与服装造型的搭配技巧	
251	8	2	5	5	发式与服装风格	
252	8	2	5	6	发式与服装风格的搭配技巧	
	8	3			现代发饰造型基本技艺	
	8	3	1		盘发的基本技巧	
253	8	3	1	1	盘发工具介绍与使用	
254	8	3	1	2	盘发技巧在整体造型中的应用	
255	8	3	1	3	不同造型的盘发要求	
256	8	3	1	4	盘发基本饰品佩戴技法	
257	8	3	1	5	假发的佩戴	

续表

职业（工种）名称				化妆师	等级	四级
职业代码						
序号	鉴定点代码				鉴定点内容	备注
	章	节	目	点		
	8	3	2		发式造型综合技巧的运用	
258	8	3	2	1	生活发式造型综合技巧的运用	
259	8	3	2	2	传统发式造型综合技巧的运用	

第3部分
理论知识复习题

西方化妆简史

一、判断题（将判断结果填入括号中。正确的填"√"，错误的填"×"）

古罗马人大量使用化妆品、香水及护肤品。　　　　　　　　　　　　　　　　（　　）

二、单项选择题（选择一个正确的答案，将相应的字母填入题内的括号中）

1. 古埃及男子们用假胡须区分（　　）。
   A. 年龄　　　　　　B. 等级　　　　　　C. 性格　　　　　　D. 婚姻状况
2. 假发的长度和形状是显示古埃及统治者（　　）和身份的。
   A. 财富　　　　　　B. 地位　　　　　　C. 相貌　　　　　　D. 年龄
3. 古埃及时，女子重视脸部化妆，使用（　　）和黑墨画眼部。
   A. 白　　　　　　　B. 红　　　　　　　C. 紫　　　　　　　D. 绿

化妆师的个人素养

一、判断题（将判断结果填入括号中。正确的填"√"，错误的填"×"）

1. 坚强的意志一定能成就事业的成功。　　　　　　　　　　　　　　　　　　（　　）
2. 不稳重的情绪和愉快的心境是化妆师健康心态的表现。　　　　　　　　　　（　　）

二、单项选择题（选择一个正确的答案，将相应的字母填入题内的括号中）

1. 一个心理健康的人应具有相对正确的（　　）和信念。
   A. 规划　　　　B. 思维　　　　C. 眼光　　　　D. 人生观

2. 人与人之间关系的和谐，才能保证精神生活的（　　）。
   A. 健全　　　　B. 和谐　　　　C. 满足　　　　D. 愉快

3. 一个人的思想、目的、行为必须跟上时代的（　　）。
   A. 变化　　　　B. 需求　　　　C. 发展　　　　D. 速度

4. 气质是人的高级神经活动类型的特点和其在（　　）上的表现。
   A. 外貌　　　　B. 行为方式　　C. 心理　　　　D. 语言

5. 气质是人的性格的外在表现，具有显著的（　　）。
   A. 魅力　　　　B. 特征　　　　C. 稳定性　　　D. 个人色彩

6. 一个人对事物所持的态度与（　　）有很大关系。
   A. 个性　　　　B. 思想　　　　C. 家庭　　　　D. 所处环境

7. 风度是一个人德、才、（　　）等诸多方面的外在表现。
   A. 气质　　　　B. 学识　　　　C. 形象　　　　D. 作风

8. 风度的外在表现为：谈吐、举止、作风及（　　）。
   A. 形象　　　　B. 走姿　　　　C. 站姿　　　　D. 坐姿

9. 美观、合理的着装及端庄、（　　）的举止是化妆师应具备的风度。
   A. 典雅　　　　B. 朴实　　　　C. 优美　　　　D. 严谨

10. 对初次见面者表示敬重、仰慕，是（　　）的表现。
    A. 客气　　　　B. 热情有礼　　C. 权宜之计　　D. 应该

11. 对于（　　）的人要根据情况的不同来打招呼，比较随意。
    A. 民主型　　　B. 排外型　　　C. 权势型　　　D. 服从型

12. 对于（　　）的人，一般的问候即可，但必须有敬重的成分。
    A. 民主型　　　B. 独立自主型　C. 服从型　　　D. 排外型

13. 对初次见面的人，了解对方的想法及其所期待的评价，就会在交谈过程中（　　）。
    A. 滔滔不绝　　B. 侃侃而谈　　C. 投其所好　　D. 投石问路

表演化妆概述

一、判断题（将判断结果填入括号中。正确的填"√"，错误的填"×"）

1. 形形色色的艺术表演所运用的化妆方法都属于表演化妆。　　　　　　　　（　　）
2. 古希腊戏剧中演员必须戴假发以区别角色。　　　　　　　　　　　　　　（　　）
3. 油彩基本在未定妆前使用。　　　　　　　　　　　　　　　　　　　　　（　　）

二、单项选择题（选择一个正确的答案，将相应的字母填入题内的括号中）

1. 表演化妆是（　　　）。
   A. 单纯的技术工作　　　　　　　　B. 艺术与技术的结合体
   C. 单纯的艺术理论　　　　　　　　D. 简单的化妆

2. 表演化妆的妆型定位与（　　　）有直接联系。
   A. 表演形式和内容　　　　　　　　B. 光线、服装等因素
   C. 表演空间和表演者的自身条件　　D. 以上各项都正确

3. 表演化妆并不是（　　　）的。
   A. 单一　　　　B. 复杂　　　　C. 时尚　　　　D. 传统

4. 以下对表演化妆的作用，描述正确的有（　　　）。
   A. 可以改变演员外貌特征　　　　　B. 可以弥补演员外貌缺点
   C. 可以改变演员气质　　　　　　　D. 以上各项都正确

5. 以下对表演化妆的作用，描述正确的有（　　　）。
   A. 可以突出表演主题　　　　　　　B. 可以体现表演的形象美
   C. 可以帮助演员塑造人物　　　　　D. 以上各项都正确

6. 古希腊戏剧中，（　　　）是主要塑造人物外部特征的手法。
   A. 涂脂抹粉　　B. 面具　　　　C. 打灯光　　　D. 角色化妆

7. 油彩化妆后，卸妆时（　　　）。
   A. 要用热水洗　　　　　　　　　　B. 直接用纸干擦
   C. 先用卸妆油，后用洁肤品　　　　D. 不用任何产品洗

8. 若用酒精胶粘贴毛发，卸妆时用（   ）即可。

   A. 油洗　　　　B. 水洗　　　　C. 酒精　　　　D. 手撕下

9. 粉质化妆品与油彩相比，有较好的（   ）。

   A. 遮盖性　　　B. 自然性　　　C. 附着性　　　D. 防水性

10. 塑型刀在塑型化妆中用到，也可作为（   ）工具。

   A. 削笔　　　　B. 剪发　　　　C. 粘贴　　　　D. 修眉

11. 油彩化妆适合用（   ）质的化妆笔。

   A. 毛　　　　　B. 铅笔　　　　C. 海绵　　　　D. 碳笔

12. 化妆笔是进行油彩化妆时使用的毛质笔，它与化妆中使用的化妆笔（   ）区别。

   A. 有很大　　　B. 略有　　　　C. 没有　　　　D. 以上选项都不正确

13. 油彩化妆毛笔毛质柔软，笔尖的毛比较薄，蘸油彩后容易（   ）。

   A. 着色　　　　B. 出彩　　　　C. 描画　　　　D. 晕染

表演化妆基本技法

一、判断题（将判断结果填入括号中。正确的填"√"，错误的填"×"）

1. 除了脸部化妆，像手部、胸部、腿部等，都可以用毛发来塑造形象。（   ）
2. 立体化妆并不是一味地在脸上添加物品，有时为了演员的需要，也可以运用一些手法来减少脸上的东西，牵引的功能之一就是如此。（   ）
3. 粘贴法最常用于生活妆中。（   ）
4. 可以直接用乳胶在脸上制作皱纹。（   ）

二、单项选择题（选择一个正确的答案，将相应的字母填入题内的括号中）

1. 绘画往往要表现对象的固有色、光源色、（   ）。

   A. 服装色　　　B. 环境色　　　C. 发色　　　　D. 背景色

2. 绘画化妆要考虑到舞台上的演员与观众有一定的距离，根据近大远小的原理，在观众的视觉中出现的形象因距离的存在只会（   ），不会放大。

   A. 缩小　　　　B. 变亮　　　　C. 变暗　　　　D. 以上选项都不正确

3. 用素描原理和色彩在演员脸上化妆的方法称为（　　）。
    A. 牵引法   B. 填充法   C. 立体化妆法   D. 绘画化妆法

4. 绘画化妆法是利用绘画原理，如明暗层次、线条造型、色彩变化等，在演员的（　　）表现体积、调整五官比例、改变肤色、塑造形象完成化妆设计的要求。
    A. 身体   B. 四肢   C. 头部   D. 脸上

5. 绘画化妆法是利用色彩的明暗、冷暖手法使妆面（　　）。
    A. 更显立体   B. 色彩更显丰富   C. 更显自然   D. 更符合演员性格

6. 绘画化妆法在（　　）中更有发挥的余地。
    A. 聚会   B. 晚会   C. 大舞台演出   D. 电影

7. 要让一张扁平的脸富有立体感，首先就要确定脸上主要的（　　）结构。
    A. 凹凸   B. 三庭五眼   C. 大小   D. 明暗

8. 素描关系最主要的特点是注重画面（　　）与明暗的五个色调。
    A. 黑白面   B. 白灰面   C. 黑灰面   D. 黑、白、灰三大面

9. 在化妆中，线条要有（　　）变化。
    A. 虚实   B. 大小   C. 黑白   D. 明亮

10. 化妆时，在嘴角、眼角和皱纹的深色下方等处用亮色反衬，用的是色彩的（　　）原理。
    A. 吸引   B. 对比   C. 光渗   D. 远近轻重

11. 化妆时，在皱纹的深色下方等处用亮色，主要用的是（　　）法原理。
    A. 局部着色   B. 工笔描画   C. 单色涂抹   D. 明暗反衬

12. 无色彩系的黑白灰之间的对比是单纯的（　　）对比。
    A. 色相   B. 彩度   C. 纯度   D. 明度

13. 立体化妆要充分表现出（　　）感觉，才能发挥立体化妆的魅力。
    A. 立体   B. 真实   C. 绘画   D. 素描

14. 制造立体的阴影，只要（　　）种颜色即可。
    A. 1   B. 2   C. 3   D. 4

15. （　　）是立体化妆中用的最多的方法，也是最容易真实体现化妆效果的方法。

A. 塑型　　　　　B. 牵引　　　　　C. 粘贴　　　　　D. 毛发

16. 立体化妆法比绘画化妆法效果更（　　）。

A. 虚假　　　　　B. 真实　　　　　C. 生硬　　　　　D. 平淡

17. 以下不属于立体化妆法的有（　　）。

A. 毛发粘贴　　　B. 吹塑皱纹　　　C. 假双画法　　　D. 塑假鼻

18. 假发套的制作常见的有4种类型，其中以材料性质类型来划分的有（　　）。

A. 钩织的发套　　B. 软发套　　　　C. 硬发套　　　　D. 秃顶发套

19. 毛发化妆法包括（　　）。

A. 粘贴假眉　　　B. 画假双　　　　C. 画胡须　　　　D. 戴帽子

20. 牵引纱、牵引线、（　　）、湿纱布都属于牵引所需的东西。

A. 睫毛　　　　　B. 粘贴的胶水　　C. 发胶　　　　　D. 海绵

21. 可以使用粘贴法的是（　　）。

A. 假辫的使用　　　　　　　　　　B. 假胡须的使用

C. 假睫毛的使用　　　　　　　　　D. 以上各项都正确

22. 粘贴法常用于（　　）。

A. 生活淡妆　　　B. 儿童化妆　　　C. 影视和舞台化妆　D. 婚礼妆

23. 塑型化妆主要运用（　　）的方式和原理。

A. 绘画　　　　　B. 雕塑　　　　　C. 构成　　　　　D. 色彩

表演化妆的范畴

一、判断题（将判断结果填入括号中。正确的填"√"，错误的填"×"）

1. 配饰在表现年龄特征造型中有画龙点睛的作用。　　　　　　　　　　　　　（　　）
2. 动态展示模特化妆要改变脸部所有妆容。　　　　　　　　　　　　　　　　（　　）
3. 杂志封面与舞台演出的模特妆要求是完全一样的。　　　　　　　　　　　　（　　）
4. 动态展示模特化妆也应重视灯光条件。　　　　　　　　　　　　　　　　　（　　）
5. 动态展示模特化妆不要完全改变脸部所有妆容。　　　　　　　　　　　　　（　　）

6. 杂志摄影模特妆比个人写真更强调艺术性。（   ）
7. 杂志摄影模特妆，在选择色彩和设计整体妆面的时候，要注重画面整体的协调性。
（   ）
8. 动态展示模特妆需比杂志摄影模特妆更细致。（   ）
9. 杂志模特妆应比动态展示模特妆更细致。（   ）
10. 彩妆品与护肤品的广告中，模特的妆面是相同的。（   ）
11. 电视广告模特化妆应注意符合广告的主题策划定位。（   ）
12. 电视广告模特化妆与平面模特妆有不同。（   ）
13. 化妆品广告模特要尽量保持模特皮肤的透明和光泽感。（   ）
14. 流行色有国际性特点，西方流行的化妆色彩必然在东方流行。（   ）
15. 只要流行的东西就是美丽的，所以流行的妆面一定适合每个人。（   ）
16. 民俗风情的模特妆，不是照搬民间妆饰，而是展现其风格特色。（   ）
17. 流行的妆面不一定适合每个人。（   ）
18. 电视节目拍摄时，为防止再次脱妆、出汗、出油，应用大量的定妆粉补妆。（   ）
19. 电视节目主持人的化妆越白越好。（   ）
20. 为了使妆面更漂亮，新闻主持人也可用带珠光的眼影。（   ）
21. 在镜头前，人会显胖，所以修饰五官立体是关键。（   ）
22. 娱乐类电视节目主持人的妆面变化丰富，可用走台模特妆强调创意感。（   ）
23. 娱乐节目主持人的妆面可根据节目的主题进行形象塑造。（   ）
24. 歌舞表演妆要以歌舞的内容为依据来选择妆面风格。（   ）
25. 歌舞化妆的色彩纯度可高些。（   ）
26. 黑白照片中，彩妆明暗差距大，人物越不立体。（   ）
27. 修容时，采用咖啡色粉底或修容饼进行修容。（   ）
28. 化妆中，色彩的明度高低在黑白摄影中都变成不同明暗层次。（   ）
29. 进行彩色摄影人像化妆时，妆色不受限制，可随意选择。（   ）
30. 彩色摄影化妆着重于化妆色彩的层次变化和整体性。（   ）
31. 彩色摄影化妆对五官的修饰极为精致。（   ）

32. 商业摄影因产品和用途的不同，人的化妆最主要是精确地呈现商品主题，需和整体策划方案统一。（ ）
33. 商业摄影具有宣传性。（ ）
34. 非商业用途的广告，摄影师可根据自己的喜好进行拍摄。（ ）
35. 商业摄影是着重广告宣传的摄影，必须通过画面把主题强烈而直接地表达出来。（ ）
36. 非商业用途的广告，摄影师也不可根据自己的喜好进行拍摄。（ ）
37. 光线的色调，不论是冷暖、明暗，总会影响画面的气氛与化妆的效果。（ ）
38. 色彩是由光的折射而产生的一种视觉效应。（ ）
39. 光线越强，物质的受光面就越灰暗。（ ）
40. 底光会产生怪异、不自然的阴影效果。（ ）
41. 位于面部中央呈三角形状的是颧骨。（ ）
42. 每个人的长相不同，是由骨骼造型结构决定的。（ ）
43. 世界上的人可以相应地分为：白种人、黄种人和棕种人。（ ）
44. 一般来说，男性面部要比女性面部更容易表现年龄。（ ）
45. 为表现骨骼的立体，用黑白两色化骨骼妆最好。（ ）
46. 脸部化妆时，亮色涂于骨骼的突出部位，深色涂于骨骼的凹陷部位，可使脸部更为立体。（ ）
47. 人的面部表情肌肉中覆盖在颌部的是上唇方肌。（ ）
48. 单独运动可表达痛苦、哀怨，并产生偏纵向皱纹的表情肌肉是额肌。（ ）
49. 额肌的运动方向是横向的。（ ）
50. 表情肌的运动会产生皱纹，所以皱纹的产生只与肌肉运动有关。（ ）
51. 肌肉妆是用块面类表现的。（ ）
52. 肌肉下垂是使人显老的主要特征。（ ）
53. 胖瘦特征有程度的不同，不能一概而论。（ ）
54. 浅色使人显胖，最好用白色打底。（ ）
55. 刻画胖的人的肤色同样要具体情况具体分析，不能模式化。（ ）

56. 给胖的人化妆时，为使其显瘦些，可以选择略深的粉底。（   ）
57. 使人显瘦的肤色选择应具体分析其瘦的原因。（   ）
58. 人的胖瘦是天生的。（   ）
59. 把深色与浅色都准确地用在结构部位上，才能对胖瘦妆面起到明显的调整效果。（   ）
60. 使人显胖结构化妆描述是强调结构。（   ）
61. 白色皮肤会使人看上去较瘦，因为浅色会有缩小的效果。（   ）
62. 为使人显瘦，脸形比较大的人，底色可以比脸形小的人涂得略深些或厚些。（   ）
63. 瘦人妆画太阳穴的阴影是靠边侧发际处深，靠颧线处浅。（   ）
64. 小唇可使人显胖。（   ）
65. 面部五官略放大，可使脸显小。（   ）
66. 使人显瘦可减弱鼻部结构。（   ）
67. 化妆师可以完全运用绘画化妆法改变人的结构，要有多胖就有多胖。（   ）
68. 表现凹陷部位用的阴影色要根据底色深浅、冷暖来选择。（   ）
69. 在给中老年女演员化妆时，为展示其雅致风姿时，胖者要注意松弛肌肉的收敛。（   ）
70. 一人同时扮演胖老人与胖青年，面部结构是一样表现的。（   ）
71. 一般年龄越大，皮肤颜色越深越黄，中年人的肤色营造可用偏黄棕色。（   ）
72. 为营造中年皮肤特点，底色越厚越好。（   ）
73. 演员扮演的角色年龄越大，皱纹的主体效果越强。（   ）
74. 减少年龄感，肤色的化妆方法是底色要浓。（   ）
75. 减少年龄感，肤色处理底色要有一定的遮盖力。（   ）
76. 强调骨骼和肌肉形成的阴影是增加年龄感面部结构的主要刻画技巧。（   ）
77. 粘贴胡须可增加年龄感。（   ）
78. 弱化骨骼和肌肉形成的阴影是减少年龄感的主要刻画技巧。（   ）
79. 头发数量多、发型饱满、发质好、表面有光泽和弹性，会使人显得年轻。（   ）
80. 为增加年龄感，五官的刻画都有下垂趋势。（   ）

81. 为增加年龄感，五官处理重在形的改变，色彩修饰要弱化。（   ）
82. 可以通过贴美目贴矫正下垂眼型，使人显年轻。（   ）
83. 为减少年龄感，五官的刻画都要有上扬趋势。（   ）
84. 中年妆中，女性的皱纹刻画要比男性更深更立体。（   ）
85. 额纹是一组中间淡两头深的纵向皱纹。（   ）
86. 为减少年龄感，皱纹可用厚粉底遮盖。（   ）
87. 用牵引的办法减少皱纹需发型的配合。（   ）
88. 男性的眉毛随着年龄的增长逐渐变稀，因而显淡而细。（   ）
89. 女性的眉毛随着年龄的增长逐渐变稀，因而显淡而细。（   ）
90. 剃掉面须可使男子显年轻。（   ）
91. 若一中年男演员要扮演少男角色时，可以用前发片遮过高发际。（   ）
92. 减少年龄妆应着手五官刻画。（   ）
93. 表现中年时期的角色形象除了生理形态以外，最主要的是表现角色的个性。（   ）
94. 上妆前，油性皮肤的人要涂上爽洁露，控制油脂的分泌。（   ）
95. 肤色的化妆要根据角色的实际情况来确定。（   ）
96. 不同年龄段的人的皮肤、肌肉、骨骼、毛发等均会呈现不同的生理状态。（   ）
97. 减少年龄妆并非五官刻画就能完成。（   ）
98. 在塑造中年妆的时候，脸形最容易体现人物的年龄和气质。（   ）

二、单项选择题（选择一个正确的答案，将相应的字母填入题内的括号中）

1. 以下对模特妆的描述，错误的是（   ）。
   A. 脸部修饰越怪越能推陈出新 B. 模特妆传递着流行的信息
   C. 模特妆展示着设计师的风格 D. 模特妆讲究视觉的感受
2. 动态展示模特化妆需重视（   ）。
   A. 空间大小   B. 模特自身条件   C. 灯光   D. 以上各项都正确
3. （   ）在设计时，要注意时尚感要强，妆型要持久，发型要易于变化。
   A. 青年妆   B. 动态模特妆   C. 角色妆   D. 老年妆
4. 动态模特妆的特点是（   ）。

A. 时尚感强　　　B. 成熟稳重　　　C. 朴素大方　　　D. 传统保守

5. 动态展示模特化妆无须重视（　　）。
   A. 空间大小　　　B. 模特自身条件　　C. 灯光　　　D. 正面效果

6. 动态展示模特化妆需重视（　　）展示特点。
   A. 正面　　　B. 后面　　　C. 全方位　　　D. 侧面

7. 动态展示模特妆不包括（　　）。
   A. 车模妆　　　B. 服装模特妆　　C. 平面模特　　　D. 彩妆模特妆

8. 杂志摄影模特妆比个人写真更强调（　　）用途。
   A. 真实性　　　B. 艺术性　　　C. 商业性　　　D. 生活化

9. 杂志摄影模特妆应符合（　　）总的主题策划定位。
   A. 摄影师　　　B. 化妆师　　　C. 杂志　　　D. 模特

10. 电视广告模特化妆应注意（　　）。
    A. 妆面精致细腻　　　　　　　B. 妆面的平面效果
    C. 光的变化　　　　　　　　　D. 以上各项都正确

11. 杂志摄影化妆，（　　）的要求就是要与策划主题相配合。
    A. 最基础　　　B. 最后　　　C. 一般　　　D. 以上各项都不正确

12. 杂志模特化妆，必须根据（　　）的需求来决定整体造型方案。
    A. 策划内容　　　B. 模特自身条件　　C. 模特　　　D. 化妆师

13. 杂志摄影模特化妆选择色彩和设计整体妆面时，必须考虑（　　）等因素。
    A. 拍摄角度　　　B. 灯光　　　C. 模特自身条件　　D. 以上各项都正确

14. 杂志摄影模特化妆应考虑（　　）的关系。
    A. 季节　　　B. 流行性服饰搭配　　C. 节庆　　　D. 服装价格

15. 对于护肤与彩妆品的广告，模特妆面要求（　　）。
    A. 细腻　　　B. 粗糙　　　C. 一般　　　D. 简单

16. 为突出彩妆产品的效果，模特妆面的（　　）要求特别高。
    A. 包装　　　B. 主要效果　　　C. 色彩　　　D. 价格

17. 广告化妆可分为电视广告和（　　）两种。

  A. 公益广告 B. 平面广告 C. 立体三维 D. 商业广告

18. 电视广告模特化妆应注意（　　）。

  A. 妆面精致细腻   B. 妆面的平面效果

  C. 形象在三维空间效果   D. 以上各项都正确

19. （　　）广告的模特，要求保持模特皮肤的透明和光泽感。

  A. 饰品   B. 手机   C. 化妆品   D. 牙膏

20. 产品广告化妆是为了更好地突出（　　）。

  A. 产品的特性 B. 产品的价格 C. 产品的包装 D. 模特妆面

21. 电视广告模特化妆应注意（　　）。

  A. 化妆技巧 B. 妆面精致细腻 C. 模特服饰 D. 发式造型

22. 以下对流行妆色描述不够严密的是（　　）。

  A. 流行妆色的运用是设计与流行结合的关键

  B. 流行妆色是指流行的某一种颜色在妆面中的重复运用

  C. 流行妆色是指流行的色彩情调的反映

  D. 流行妆色是一组不同色调在妆面中的组合运用

23. 以下对模特妆中流行材料的描述，不正确的是（　　）。

  A. 模特妆中材料的运用不受任何条件的限制

  B. 化妆材料的选择和运用决定了化妆造型的流行效果

  C. 模特妆中化妆材料的使用受多种条件的限制

  D. 模特妆中化妆材料已向多元化的综合性范围发展

24. 流行妆面中新材料的运用主要适应（　　）。

  A. 模特的喜好   B. 设计主题的要求

  C. 观者的爱好   D. 设计师的喜好

25. 复古风在模特妆中的出现，说明（　　）。

  A. 传统造型到现在都是时尚的，可以直接拿来

  B. 越时尚的妆型越快被淘汰，还是旧的好

  C. 传统与当今的装饰精神相互依存

D. 此古装一直流行到现在

26. 以下对模特妆的体现，描述错误的是（   ）。

    A. 模特妆刻画只需追求某种流行的局部就可

    B. 模特妆中色彩和材料的选择都有统一的风格

    C. 妆面的流行与模特气质有密切关系

    D. 流行要渗透到妆面的各方面、各部位

27. 以下对模特妆的体现，描述正确的是（   ）。

    A. 流行的妆面一定适合每个人

    B. 只需追求某种流行的局部就可

    C. 化妆对主题构思创意的反映，是体现流行的关键

    D. 模特妆以唯美为统一标准

28. 电视化妆中，偏白皮肤宜使用含（   ）较多的粉底。

    A. 白   B. 红   C. 黄   D. 绿

29. 影响电视主持人化妆色彩变化的因素有（   ）。

    A. 肤色   B. 采光角度   C. 光源   D. 以上各项都正确

30. 新闻电视节目主持人妆面适合选择（   ）型。

    A. 庄重   B. 艳丽   C. 前卫   D. 时尚

31. 对男主持人化妆，错误的是（   ）。

    A. 底色健康沉稳   B. 底色涂白些

    C. 不描过重眼线   D. 不画明显唇线

32. 新闻主持人的眉形不适合选择（   ）。

    A. 欧式眉   B. 柳叶眉   C. 自然眉   D. 弯眉

33. 新闻主持人发型适合（   ）。

    A. 披肩发   B. 干练的短发   C. 卷发   D. 盘发

34. 时尚类电视节目主持人的妆面适合选择（   ）型。

    A. 理智   B. 典雅   C. 艳丽   D. 时尚

35. 娱乐类型节目主持人的造型应选择（   ）、富有时尚的创意。

A. 变化丰富　　　　B. 固定模式　　　　C. 传统模式　　　　D. 保守模式
36. （　　）是娱乐类型节目女主持人的必备用品。
　　A. 假发　　　　　B. 假睫毛　　　　C. 美目贴　　　　　D. 美甲片
37. 下列妆面中，运用假睫毛修饰最普遍的是（　　）。
　　A. 生活淡妆　　　B. 新闻主持人妆　C. 歌舞表演妆　　　D. 老年妆
38. 表演舞蹈演员的化妆要强调面部轮廓清晰，五官可做（　　）的夸张。
　　A. 唇部　　　　　B. 眼部　　　　　C. 适度　　　　　　D. 鼻部
39. 以下妆面中较浓的是（　　）。
　　A. 新闻主持人妆　B. 歌舞表演妆　　C. 生活淡妆　　　　D. 老年妆
40. 以下对黑白摄影化妆，描述不正确的有（　　）。
　　A. 重在立体感　　　　　　　　　　B. 色彩明暗差距大，人物越立体
　　C. 注重色彩搭配是最主要的　　　　D. 适合用亚光材料
41. 在黑白照片中，看到的只是（　　）。
　　A. 颜色变化　　　B. 明度变化　　　C. 深浅变化　　　　D. 结构变化
42. 用（　　）修容粉可加强脸部立体感。
　　A. 深咖啡色　　　B. 浅咖啡色　　　C. 黑色　　　　　　D. 米色
43. 黑白摄影化妆是（　　）的摄影化妆。
　　A. 最早　　　　　B. 近代　　　　　C. 20世纪80年代　　D. 20世纪90年代
44. 黑白摄影化妆中，化妆的技巧和色彩较（　　）。
　　A. 复杂　　　　　B. 浓艳　　　　　C. 另类　　　　　　D. 单纯
45. 彩色摄影化妆时一般不强调（　　）。
　　A. 色彩的强烈对比　　　　　　　　B. 色彩的整体感
　　C. 色彩柔和　　　　　　　　　　　D. 色彩的均匀
46. 室内彩色摄影修饰脸形所用阴影应以（　　）下，面部自然阴影深浅冷暖为依据。
　　A. 阳光　　　　　B. 化妆间内光　　C. 摄影棚内光　　　D. 自然光
47. 彩色摄影修饰发黑眼圈可用偏（　　）色遮盖。
　　A. 亮粉绿　　　　B. 亮粉红　　　　C. 亮粉兰　　　　　D. 亮粉紫

48. 室内（　　）摄影修饰脸形所用阴影应以摄影棚内光下面部自然阴影深浅冷暖为依据。

　　A. 立体　　　　B. 黑白　　　　C. 彩色　　　　D. 创意

49. 摄影化妆从主题上可分为商业用途和（　　）用途两种。

　　A. 非商业　　　B. 广告　　　　C. 电视　　　　D. 电影

50. 商业性摄影强调策划主题和宣传作用，注重的是（　　）效应。

　　A. 商业　　　　B. 市场　　　　C. 销售　　　　D. 广告

51. 商业用途摄影是指强调（　　）。

　　A. 色彩关系　　B. 人物表现　　C. 策划主题　　D. 外形包装

52. 教学示范摄影的化妆要特别注意（　　）问题的处理。

　　A. 肤质　　　　B. 浮粉　　　　C. 脱妆　　　　D. 以上各项都正确

53. 描述护肤的教学示范摄影，模特可化（　　）。

　　A. 淡妆　　　　B. 浓妆　　　　C. 舞台妆　　　D. 晚宴妆

54. 非商业用途摄影化妆中，（　　）是最基本的原则。

　　A. 色彩美感　　B. 视觉美感　　C. 化妆技巧　　D. 摄影技术

55. 在化妆色彩中，不易受灯光影响的部位是（　　）。

　　A. 皮肤　　　　B. 睫毛　　　　C. 口红　　　　D. 腮红

56. 以下对光线与化妆的描述，正确的是（　　）。

　　A. 弱光照射下，化妆底色要深，妆色应深

　　B. 户外摄影相比摄影棚内摄影，彩妆可浓艳些

　　C. 直射的阳光易显露脸上瑕疵，化妆应谨慎

　　D. 直射的阳光使妆面柔和自然

57. （　　）光和人造光是造型艺术中可利用的光源。

　　A. 自然　　　　B. 冷色　　　　C. 暖色　　　　D. 激

58. 红色遇到绿光会变成（　　）。

　　A. 黑色　　　　B. 黑褐色　　　C. 紫色　　　　D. 蓝色

59. 绿色遇到红光会变成（　　）。

A. 暗灰 　　　　B. 墨绿 　　　　C. 褐色 　　　　D. 蓝色

60. 颜色在强光照射下，显得明亮，在弱光的照射下，则显得较（　　）模糊。

　　A. 光线 　　　　B. 深浅 　　　　C. 灰暗 　　　　D. 层次

61. 在摄影、影视、舞台等拍摄过程中常常依赖于灯光的补光和主侧光，有时也用辅助底光来减低（　　）。

　　A. 肤色 　　　　B. 面部阴影 　　　C. 五官结构 　　　D. 妆面浓度

62. （　　）可冲淡一侧面部轮廓，而将另一侧面部置于阴影之中。

　　A. 顶光 　　　　B. 侧光 　　　　C. 脚光 　　　　D. 冷光

63. （　　）背景使皮肤显得发黄，暗淡无光。

　　A. 红色 　　　　B. 黄色 　　　　C. 绿色 　　　　D. 蓝色

64. 以下对背景与化妆关系描述正确的是（　　）。

　　A. 背景与妆色为同一色系时，产生对比效果

　　B. 化妆时如果背景光很强，肤色选择应当很浅

　　C. 化妆时如果背景光很强，肤色选择应当很深

　　D. 蓝紫色是最理想的背景色，不化妆摄影效果也最佳

65. 对头部外形起决定性作用的是（　　）。

　　A. 枕骨 　　　　B. 头骨 　　　　C. 顶骨 　　　　D. 颧骨

66. 头部的骨骼可分为脑颅骨和（　　）两部分。

　　A. 额骨 　　　　B. 顶骨 　　　　C. 面颅骨 　　　　D. 枕骨

67. 眼窝的形是（　　）。

　　A. 正圆 　　　　B. 正方 　　　　C. 菱形 　　　　D. 圆偏方

68. 眼窝是（　　）。

　　A. 向外向下倾斜 　　　　　　　　B. 向内向下倾斜

　　C. 向外向上倾斜 　　　　　　　　D. 没有倾斜

69. 头部特征是头型的特征和（　　）特征的综合。

　　A. 皮肤 　　　　B. 五官 　　　　C. 骨骼 　　　　D. 肌肉

70. （　　）在人体全身中占有突出的地位。

A. 头部　　　　　B. 鼻部　　　　　C. 臀部　　　　　D. 胸部

71. （　　）的面部轮廓清晰、眼窝深邃、鼻梁高而挺。
    A. 白种人　　　B. 黄种人　　　C. 黑种人　　　D. 棕色种人

72. 人物形象的外观塑造中，只有掌握了不同年龄阶段的（　　），才能将人物塑造得贴切自然、惟妙惟肖。
    A. 生理变化　　B. 性格变化　　C. 皮肤变化　　D. 体形变化

73. 青年时间化妆的时候着重改变（　　），加强立体感，突出面部结构。
    A. 脸形　　　　B. 肤色　　　　C. 眼形　　　　D. 眉形

74. 给男性化妆时，可以利用（　　）和头发的色彩有效地帮助化妆师体现所需效果。
    A. 胡须　　　　B. 眼影　　　　C. 睫毛　　　　D. 嘴唇

75. 表现骨骼妆的主要材料是（　　）。
    A. 眼影　　　　B. 油彩　　　　C. 眉笔　　　　D. 水粉

76. 颧骨过高，可在（　　）修饰。
    A. 内眼角处提亮　　　　　　　　B. 颧骨上用阴影收敛
    C. 太阳穴处用阴影　　　　　　　D. 眼窝极凹处理

77. 为表现骨骼的主体，骨骼妆要注意（　　）过渡处理。
    A. 深色　　　　B. 浅色　　　　C. 亮色　　　　D. 白色

78. 骨骼妆中，（　　）是向外向下倾斜。
    A. 眼窝　　　　B. 额头　　　　C. 嘴角　　　　D. 下巴

79. 骨骼妆中，（　　）呈不规则菱形。
    A. 颧骨　　　　B. 额骨　　　　C. 颌骨　　　　D. 眼眶骨

80. 下列不属于上唇方肌上端的三个头的是（　　）。
    A. 内眦头　　　B. 颧下头　　　C. 颧头　　　　D. 眶下头

81. 上唇方肌上端分三个头，分别是颧头、眶下头和（　　）。
    A. 内眦头　　　B. 颧下头　　　C. 外眦头　　　D. 眶头

82. 可以单独确定（　　）的肌肉有额肌。
    A. 轮廓　　　　B. 皱纹　　　　C. 表情　　　　D. 感情

83. 以下表情肌肉运动方向偏横向的是（　　）。
    A. 额肌　　　　B. 皱眉肌　　　　C. 口轮匝肌　　　　D. 降眉间肌
84. 面部的表情肌是受人的（　　）控制。
    A. 形体　　　　B. 意志　　　　C. 情感　　　　D. 语言
85. 化妆师必须了解面部肌肉的部位与形状，并掌握肌肉各职能及运动时面部产生变化的（　　）。
    A. 表情　　　　B. 规律　　　　C. 结构　　　　D. 肌肉
86. 表情肌肉妆的画法中，利用（　　）强调肌肉生长方向。
    A. 色彩　　　　B. 线条　　　　C. 明暗　　　　D. 晕染
87. 肌肉化妆是通过线条和颜色把（　　）走向的肌肉在脸上勾勒出来。
    A. 一致　　　　B. 纹理　　　　C. 不同　　　　D. 明确
88. 肌肉化妆是通过（　　）把不同走向的肌肉在脸上勾勒出来。
    A. 皮肤结构和颜色　　　　B. 线条和颜色
    C. 皮肤结构和线条　　　　D. 骨骼和皮肤结构
89. 瘦脸的主要特征可归纳为（　　）种。
    A. 2　　　　B. 3　　　　C. 4　　　　D. 5
90. 以下不是胖的人的主要特征的是（　　）。
    A. 脸形圆而大　　　　B. 多棱角
    C. 骨骼凹凸不明显　　　　D. 五官显小
91. 要使人显胖，（　　）。
    A. 将肤色画白即可　　　　B. 将肤色画黑即可
    C. 应具体分析其胖的原因和程度来画　　　　D. 随意画即可
92. 可用（　　）结构的方法，来完成胖妆。
    A. 块状　　　　B. 球状　　　　C. 纵向　　　　D. 横向
93. 用化妆手段使人显胖时，应注意（　　）。
    A. 生活中胖的人并非具有完全相同的特征
    B. 不同化妆技巧的运用可以使胖的程度不同

C. 要从整体关系出发，强调面部与形体的统一性

D. 以上各项都正确

94. 体现病态的瘦，肤色可（　　）些。

　　A. 偏红　　　　B. 偏黄　　　　C. 偏粉　　　　D. 偏亮

95. 体现体弱多病时，肤色可（　　）。

　　A. 偏红　　　　B. 偏灰　　　　C. 偏粉　　　　D. 偏亮

96. 刻画瘦妆时，要在一张饱满的脸上用深色和浅色造成（　　）对比。

　　A. 明暗　　　　B. 结构　　　　C. 深浅　　　　D. 凹凸

97. 一般（　　）给人感觉富态。

　　A. 瘦的人　　　B. 胖的人　　　C. 较高的人　　D. 较矮的人

98. 一般瘦的人给人感觉较（　　）。

　　A. 干练　　　　B. 缓慢　　　　C. 迟钝　　　　D. 富态

99. 可将脸形通过（　　）的处理使人变胖。

　　A. 加刘海　　　B. 低领露颈　　C. 尖下巴　　　D. 上大下小

100. 使人显胖时，可将鼻子、下颌、脸形等处的刻画进行（　　）处理。

　　A. 偏圆　　　　B. 提亮　　　　C. 用阴影修饰　　D. 自然

101. 以下使人显胖结构化妆描述错误的是（　　）。

　　A. 使人显胖主要强调面部骨骼立体感塑造

　　B. 用亮肤色涂于鼻侧可使人显胖

　　C. 在眼窝凹陷处填以浅色粉底可使人显胖

　　D. 使人显胖主要强调面部肌肉立体感

102. 画眼窝最深部分一般是在（　　）。

　　A. 靠内眼角处　　　　　　　　B. 靠外眼角处

　　C. 眼黑正上方　　　　　　　　D. 正视前方时眼黑正上方

103. 刻画瘦妆时，应该确定（　　）是健康型还是非健康型。

　　A. 身体比例　　B. 人物形象　　C. 个性特点　　D. 肤色特征

104. 使人显胖的眉形化妆（　　）。

A. 眉色略浅　　　B. 眉色浓　　　C. 眉毛粗　　　D. 眉弯挑

105. 使人显胖的眉毛形状，要画得尽量（　　）。

　　A. 弧度圆润　　B. 细长平直　　C. 粗而长　　　D. 抬高眉峰

106. 使人显瘦的眼部化妆，正确的是（　　）。

　　A. 弱化眼影　　B. 眼部可画肿些　C. 选择细小眼形　D. 眼窝略凹

107. 使人显病态的瘦，唇部化妆（　　）。

　　A. 强调唇形　　B. 唇色无光泽　　C. 唇线圆润　　D. 涂以艳色

108. 画瘦妆时，眉毛的描画应整体（　　）。

　　A. 略粗　　　　B. 细长　　　　C. 偏黑　　　　D. 略浅

109. 画瘦妆时，眼影的颜色以（　　）为主。

　　A. 棕色　　　　B. 红色　　　　C. 黑色　　　　D. 黄色

110. 画瘦妆时，夸张眼睛，脸形会（　　）。

　　A. 显大　　　　B. 显小　　　　C. 显宽　　　　D. 显圆

111. 病态型瘦妆要把颊窝、眼窝等骨骼凹陷面用（　　）表现出来。

　　A. 阴影　　　　B. 提亮　　　　C. 白色　　　　D. 弱化

112. （　　）的肤色可以表现人物在病中的状态。

　　A. 橘黄　　　　B. 蜡黄　　　　C. 姜黄　　　　D. 土黄

113. 以下对中年人外形描述准确的有（　　）。

　　A. 体态多有发福　B. 善于保养的人不显老

　　C. 发量减少　　D. 以上各项都正确

114. 中年人形象是与外表、年龄、生活的环境以及健康状况等诸多因素（　　）相关的。

　　A. 间接　　　　B. 直接　　　　C. 不　　　　　D. 以上各项都不正确

115. 在给（　　）女演员化妆，展示其雅致风姿时，瘦者要注意使脸显丰满些。

　　A. 中老年　　　B. 少年　　　　C. 老年　　　　D. 青年

116. 以下对中年人外形特征描述正确的是（　　）。

　　A. 睫毛稀少，变白　　　　　　B. 须发全白

C. 外眼角略下垂　　　　　　　　D. 大都秃顶

117. 将青年演员化妆成中年时,正确的是(　　)。
    A. 40 岁左右的中年感,肤色深暗一些
    B. 50 岁左右的中年感,底色偏黄棕些
    C. 男性肤色一般比青年妆略深
    D. 以上各项都正确

118. 选择粉底颜色比肤色(　　),可增加年龄感。
    A. 略暗　　　　B. 略淡　　　　C. 略红　　　　D. 略白

119. 为表现青年人的肤色,中年女演员要选略偏(　　)色粉底。
    A. 黄　　　　　B. 白　　　　　C. 粉红　　　　D. 棕

120. 为表现青年人的肤色,中年男演员要选浅棕略偏(　　)色粉底。
    A. 蓝　　　　　B. 白　　　　　C. 红　　　　　D. 绿

121. 增加年龄感,可以在(　　)处提亮来增加年龄感。
    A. 额丘　　　　B. 眼袋阴影　　C. 鼻唇沟阴影　　D. 颞窝

122. 可以通过(　　)化妆增加年龄感。
    A. 嘴角略下垂　B. 嘴角略上翘　C. 眼袋阴影提亮　D. 眼窝提亮

123. 使人年轻的表现特征是(　　)。
    A. 身体挺直　　　　　　　　　　B. 皮肤富有弹性
    C. 脸部肌肉饱满　　　　　　　　D. 以上各项都正确

124. (　　)的唇形不会使人年轻。
    A. 轮廓清晰　　B. 唇色红润健康　C. 唇色暗淡　　D. 嘴角微翘

125. 增加年龄感,五官的刻画应(　　)。
    A. 增加轮廓感　B. 都有上扬趋势　C. 修饰美化处理　D. 减弱轮廓感

126. 增加年龄感,眼部的处理主要是(　　)。
    A. 外眼角略下垂　B. 强调眼线　C. 强调睫毛　　D. 强调眼影色彩

127. 为减少唇部年龄感,化妆有误的是(　　)。
    A. 唇型圆润　　B. 唇峰拉近　　C. 唇色鲜亮　　D. 唇峰拉平

128. 减小年龄妆的体现应在结构的改变完成后再着手（　　）刻画。

　　A. 五官　　　　B. 脸形　　　　C. 发型　　　　D. 服装

129. 用（　　）的方法减少皱纹需发型的配合。

　　A. 牵引　　　　B. 塑型　　　　C. 粘贴　　　　D. 毛发

130. 为减少年龄感，五官的刻画要有（　　）的趋势。

　　A. 平稳　　　　B. 上扬　　　　C. 下垂　　　　D. 棱角

131. 瘦的人的（　　）凹凸面比较大，胖的人则相反。

　　A. 皮肤　　　　B. 骨骼　　　　C. 皱纹　　　　D. 脸型

132. 在化妆时，表现皱纹的方法有（　　）。

　　A. 皱纹与凹凸不必协调恰当　　　B. 皱纹的深浅层次应区分开

　　C. 画有胡子的男子皱纹可以省略　　D. 如演员本人年轻，凹凸与皱纹可以不画

133. 用（　　）减少皱纹需要发型的配合。

　　A. 牵引法　　　B. 化妆　　　　C. 修饰法　　　D. 色彩

134. 为减少年龄感，在中年和老年脸上化妆年轻人的时候，可用（　　）来强调青年人的外形特点。

　　A. 发型　　　　B. 服装　　　　C. 饰品　　　　D. 粘贴

135. 舞台中年妆中，如果演员自身条件与角色人物距离较大，需佩戴（　　）。

　　A. 饰品　　　　B. 睫毛　　　　C. 胡须　　　　D. 装饰物

136. 增加年龄感必须根据自然结构进行（　　）关系的刻画，才能创造出最佳效果。

　　A. 色彩　　　　B. 明暗　　　　C. 对比　　　　D. 凹凸

137. 若一中年女演员要扮演 15 岁少女时，眉形较适合选择（　　）形。

　　A. 上挑细眉　　B. 下垂眉　　　C. 平而略粗眉　　D. 任意

138. 若一中年女演员要扮演 15 岁少女时，不适合的修饰方法是（　　）。

　　A. 童花发式　　B. 上提下垂眼皮　　C. 合理牵引　　D. 上挑眉

139. 将中年和老年演员化妆成年轻人时，首先要看演员和角色之间的（　　）。

　　A. 表演　　　　B. 剧情　　　　C. 风格　　　　D. 差别

140. 人的年龄在外观上的表现，最明显的是（　　）和脸部。

A. 性格 　　　 B. 性别 　　　 C. 身材 　　　 D. 发型

141. 在给皮肤上各种底色之前，干性皮肤的演员要在脸上先涂上（　　）。

 A. 保湿霜 　　 B. 粉底霜 　　 C. 蜜粉 　　　 D. 爽洁露

142. 上妆前的护理用品应根据（　　）来选择。

 A. 演员肌肉的走向 　　　　　 B. 演员皮肤的性质
 C. 演员骨骼的结构 　　　　　 D. 剧情的角色

143. 强调（　　）是增加年龄感面部结构的主要刻画之处。

 A. 骨骼和肌肉形成的阴影 　　 B. 妆面的色彩
 C. 肤色的处理 　　　　　　　 D. 鼻唇沟的阴影

144. 性格忧郁、喜欢皱眉的角色可以加强（　　）的结构表现。

 A. 眉弓 　　　 B. 颧骨 　　　 C. 眼眶 　　　 D. 下颌骨

145. 不同年龄阶段，人的生理状态都会不同，（　　）不属于生理状态。

 A. 皮肤 　　　 B. 肌肉 　　　 C. 骨骼 　　　 D. 个性

146. 在化老年妆时，刻画眼袋、眼角纹和鱼尾纹的时候，要选用（　　）的笔。

 A. 棕色 　　　 B. 黑色 　　　 C. 灰色 　　　 D. 蓝色

147. 以下说法有误的是（　　）。

 A. 化年龄妆时，要考虑人物的职业特点和健康状况来处理年龄的外部特征
 B. 塑造中年人的形象，要在生活的基础上符合剧本角色要求
 C. 舞台上中年妆的造型风格要比影视中的中年妆细致
 D. 中年妆既要表现人物成熟、干练的特征，又要区别于老年的沧桑

148. 以下说法有误的是（　　）。

 A. 配饰在表现年龄特征造型中有画龙点睛的作用
 B. 表现年龄妆需要考虑性格因素
 C. 可随意运用细节改变年龄状态
 D. 表现年龄妆需要考虑健康因素

化妆绘画基础

一、判断题（将判断结果填入括号中。正确的填"√"，错误的填"×"）

1. 头部在人体全身中占有突出的地位，是全身最重要的部分。（   ）
2. 头部骨骼由额骨、鼻骨、泪骨、颧骨、颞骨、上颌骨和下颌骨组成。（   ）
3. 绘画表现人物肖像时，塑造人物的面部关系不需要根据肌肉走向。（   ）
4. 颧肌收缩时牵动嘴角向上，可以产生喜悦、欢乐的表情。（   ）
5. 在绘画上，定出拟画头像的最上方的一点和最下端的一点。（   ）
6. 在画侧面人像时，要注意头部各器官的透视关系。（   ）
7. 画侧面人像时，透视关系中两眼的横轴和鼻子的垂直轴始终保持着45°角。（   ）
8. 在画正面石膏头像时，为了五官之间各个部位的准确性，在写生时，必须要画一些辅助线。（   ）
9. 在画侧面石膏头像时，要注意两眼的远近透视。（   ）
10. 画石膏素描时要注意，石膏体是单纯的白色，要突出它的质感，石膏体的暗面就不能画得太暗。（   ）
11. 画速写关键就是速度快。（   ）
12. 画石膏素描要防止黑气太重，要保持表现石膏本色的光洁度和暗部色调的透明度。（   ）
13. 画人物，只需要在形上准确就可以了。（   ）
14. 在头骨不同部位的骨块上有突起的骨点，写生时，连接骨点就能概括出头部的基本形。（   ）
15. 绘画表现人物肖像时，根据肌肉走向用笔可以更好地塑造人物的面部关系。（   ）
16. 黑色、白色与任何色彩都可以协调搭配，因此被称为百搭色。（   ）
17. 红色象征生命与活力，是传统喜庆颜色。（   ）
18. 色彩的联想因人而异，不同的人对同一色彩会产生不同的印象和好恶。（   ）
19. 色彩的联想因人而异，不同的人对同一色彩会产生同样的印象和好恶。（   ）

20. 色彩的冷暖感最主要的决定因素是纯度。（   ）
21. 色彩的冷暖，是指色彩的物理温度。（   ）
22. 黄色是所有颜色中最疯狂的一种。（   ）
23. 临摹真人图片就是要依葫芦画瓢，不讲求艺术处理。（   ）
24. 画彩铅时，可徒手排线，也有靠尺排线的。（   ）
25. 彩铅与素描表现头像的方式和注意事项一样，不同的是多了色彩的变化。（   ）
26. 临摹作品的目的仅是为了复制一张作品。（   ）

二、单项选择题（选择一个正确的答案，将相应的字母填入题内的括号中）

1. （   ）是头部的最高点。
   A. 额骨　　　　B. 枕骨　　　　C. 颅顶点　　　　D. 额丘

2. 眉骨以上，耳后整个部分称（   ）。
   A. 顶骨　　　　B. 颞骨　　　　C. 枕骨　　　　D. 脑颅

3. （   ）的位置决定人的正面与侧面距离。
   A. 颧丘　　　　B. 人中　　　　C. 鼻唇沟　　　　D. 脸颊沟

4. 额骨中有左右一对稍微隆起的圆丘，称为（   ）。
   A. 颧丘　　　　B. 额丘　　　　C. 眉弓　　　　D. 下颌沟

5. 肌肉妆是化妆师的（   ）。
   A. 补充课　　　　B. 必修课　　　　C. 自修课　　　　D. 娱乐课

6. （   ）是学习影视戏剧化妆的基础。
   A. 中年妆　　　　B. 新娘妆　　　　C. 晚宴妆　　　　D. 骷髅妆

7. 决定脸部宽度的是（   ）。
   A. 眼窝　　　　B. 颧骨　　　　C. 上颌骨　　　　D. 鼻骨

8. 在画侧面人像时，错误的是（   ）。
   A. 要注意头部各器官的透视变化
   B. 不需要找准五官的横线消失和中心线的关系
   C. 五官的比例有一定规律
   D. 观察角度不易改变

9. 当平视正前方看对象时，其面部五官的横线都（　　）。
   A. 向上边的视平线倾斜和集结　　　　B. 向下边的视平线倾斜和集结
   C. 呈水平　　　　　　　　　　　　　D. 呈不同斜向
10. 当平视左前方看对象时，其面部五官的竖线都（　　）。
    A. 向右边的视平线倾斜垂直　　　　　B. 向左边的视平线倾斜垂直
    C. 呈水平　　　　　　　　　　　　　D. 呈不同斜向
11. 在画石膏头像时，要多画一些从不同的视觉角度以画（　　）为主的短期作业，以加强掌握各种动态的能力。
    A. 线条　　　　B. 明暗　　　　C. 结构　　　　D. 光影
12. 在画素描时，要按照（　　）运用线条。
    A. 透视原理　　B. 结构　　　　C. 形体　　　　D. 比例
13. 在画石膏头像时，画面的明暗需注意（　　）。
    A. 近实远虚　　B. 远实远虚　　C. 近亮远暗　　D. 左实右虚
14. 美术素描中，圆形透视规律（　　）。
    A. 近的半圆大　B. 远的半圆大　C. 一样大　　　D. 不一定
15. 在头像素描绘画中，一般眼睛在头部的（　　）处。
    A. 1/2　　　　B. 1/3　　　　C. 2/5　　　　D. 3/5
16. 鼻是头像正中最突出的部位，画时要注意（　　）的刻画。
    A. 鼻翼　　　　B. 鼻身中间　　C. 鼻尖　　　　D. 鼻根
17. 画素描习作中，若画面中三大面分不开，该亮的地方不够亮，该暗的地方不够暗，就会觉得整个画面太（　　）。
    A. 脏　　　　　B. 灰　　　　　C. 腻　　　　　D. 花
18. 在画素描时，用重、实的线条来表现近处和暗部，是表现透视中的（　　）。
    A. 近大远小　　B. 近实远虚　　C. 平行透视　　D. 成角透视
19. 人物头像素描，在刻画（　　）时，应先找到头像中的辅助中轴线。
    A. 五官　　　　B. 眼睛　　　　C. 鼻部　　　　D. 唇部
20. 素描头像的表现技法，首先要抓大的形体，确定（　　）的相互关系。

A. 五官部位　　B. 嘴角与鼻子　　C. 鼻子与嘴巴　　D. 眉毛与眼睛

21. （　　）是明暗素描中非常重要的一环。

    A. 亮面　　　B. 灰面　　　C. 反光　　　D. 明暗交界线

22. 画人像素描时，为了增强把握整体色调的能力，在铺色调时要注意（　　）的层次关系。

    A. 黑白　　　B. 白灰　　　C. 灰白棕　　　D. 黑白灰

23. 绘画表现人物肖像时，用笔一定要根据（　　）。

    A. 肌肉走向　　B. 骨骼方向　　C. 体形特征　　D. 人物要求

24. 画速写的关键不仅是速度快，（　　）才是速写的根本。

    A. 繁复和详细　　B. 简练和扼要　　C. 快速潦草　　D. 精雕细琢

25. 完整的色彩知识包括（　　）。

    A. 物理效应与化学效应

    B. 生理效应与化学效应

    C. 心理效应与化学效应

    D. 物理效应、化学效应、生理效应和心理效应

26. 人的色彩感觉形成的要素是（　　）。

    A. 光源和有色物体　　　　　　B. 眼睛

    C. 大脑　　　　　　　　　　　D. 以上各项都正确

27. 以下说法错误的是（　　）。

    A. 暖色在冷色的映衬下会显得更加温暖

    B. 冷色在暖色的衬映下会显得更加冷艳

    C. 冷暖色的区分是由颜色间的对比相对而言的

    D. 除冷暖对比，色彩无其他对比

28. 以下既属于冷暖对比，又属于补色对比的是（　　）。

    A. 紫和绿　　B. 蓝和红　　C. 蓝和橙　　D. 黄和绿

29. 下列色彩属于中性色的有（　　）。

    A. 绿色　　　B. 黄色　　　C. 红色　　　D. 蓝色

30. （　　）比较热情、令人兴奋。
    A. 黄色　　　　B. 红色　　　　C. 蓝色　　　　D. 白色

31. 喜庆的色彩会令人想到（　　）。
    A. 红色　　　　B. 黄色　　　　C. 紫色　　　　D. 蓝色

32. 悲伤的色彩会令人想到（　　）。
    A. 黄色　　　　B. 绿色　　　　C. 黑灰　　　　D. 蓝色

33. 增加年龄感，把人往消瘦刻画，这样会使人看起来显（　　）。
    A. 苍老　　　　B. 年轻　　　　C. 精神　　　　D. 气质

34. 色彩中，冷暖印象并不是颜色所代表的（　　）。
    A. 情感　　　　B. 温度　　　　C. 湿度　　　　D. 热度

35. 在下列色彩中，最能给人以辉煌感的是（　　）。
    A. 黑色　　　　B. 紫色　　　　C. 黄色　　　　D. 蓝色

36. 在下列色彩中，最能象征纯洁的色彩是（　　）。
    A. 红色　　　　B. 紫色　　　　C. 黄色　　　　D. 白色

37. 下列色彩中，给人以野性感的是（　　）。
    A. 紫色　　　　B. 蓝色　　　　C. 绿色　　　　D. 暗色

38. 在光谱中，（　　）的光波最长，是最突出的一种色光。
    A. 红色　　　　B. 白色　　　　C. 黑色　　　　D. 蓝色

39. 要画好一副彩铅头像，首先要把人物头像外形画准确，然后（　　）把握好色彩关系来完成。
    A. 根据素描的明暗关系　　　　B. 不考虑透视关系
    C. 根据色相　　　　D. 根据明度和纯度

40. 为了要把握好彩铅头像的形和神，首先要仔细（　　）头像的特征。
    A. 构图　　　　B. 观察　　　　C. 布局　　　　D. 临摹

41. 以下说法正确的是（　　）。
    A. 画好一张色彩画的关键只需把握好色彩之间的关系
    B. 把握色彩明度的两"极"，是纠正画面混乱的唯一手段

C. 头像彩铅的表现没有既定程式，彩铅仅是一种表现工具

D. 头像的色彩表现只要考虑色彩关系，不需刻画人物的结构和神态

42. 正确观察色彩的方法是从整体出发，研究色彩的（　　），从而正确表达色彩。

    A. 色相　　　　B. 关系　　　　C. 明度　　　　D. 纯度

43. 画头像彩铅比例时，一定要掌握好头像的（　　）。

    A. 三庭　　　　B. 五眼　　　　C. 三庭五眼　　D. 体积

44. 画头像彩铅仰视角度时，上庭要比下庭（　　）。

    A. 窄　　　　　B. 短　　　　　C. 宽　　　　　D. 长

45. 下列说法不正确的是（　　）。

    A. 画好一张色彩画的关键要有效地利用色彩的表现优势

    B. 彩铅仅是一种表现工具

    C. 色彩画不仅要考虑它的色彩关系，还需要刻画出物体的结构和神韵

    D. 把握色彩明、暗两面是纠正画面混乱的唯一手段

46. 彩铅笔的基本绘图技法中，用（　　），能达到色彩一致的效果。

    A. 平涂排线法　　B. 叠彩法　　　C. 水溶退晕法　　D. 斜角排列法

服饰与化妆

一、判断题（将判断结果填入括号中。正确的填"√"，错误的填"×"）

1. 服饰搭配的协调统一就是要把复杂的元素进行调整、融合，形成服装的配件色彩，即局部的点缀色彩，起调整和辅助的作用。（　　）

2. 服装的配件色彩，即是局部的点缀色彩，起调整和辅助的作用。（　　）

3. 服饰搭配的原则之一是符合对象的身份、气质及外形条件。（　　）

4. 服装的基本造型按字母形态可分为 A、T、H、X、O 等。（　　）

5. 着色配色技巧中，最简便也是最稳当的方法就是单色配色。（　　）

6. 偏白粉肤色的人，穿淡黄色的服装，构成统一调和的配色。（　　）

7. 新闻主持人的服装必须考虑时尚元素。（　　）

8. 新闻主持人的服装完全不需要考虑流行和时尚元素，一经佩戴相应的服饰品，就可以达到美化的目的。（　　）

9. 服饰配件的造型要和服装的整体风格相统一。（　　）

10. 常见的配饰基本造型有模拟自然界的生态型以及抽象的几何造型。（　　）

11. 人一经佩戴相应的服饰品，就可以达到美化的目的。（　　）

12. 服饰是一切美化人体装饰的物品。（　　）

13. 服饰美能反映出一个人的文化修养和精神面貌。（　　）

14. 生活中服装的配色不宜太多，一般不超过三套色。（　　）

15. 着装配色技巧中，最简便也是最稳当的方法就是单色亮色。（　　）

16. 单色服装给人一种文化教养高的感觉。（　　）

17. 生活中服饰配件的选择应考虑与整体造型的关系。（　　）

18. 服饰配件与形象的塑造关系主要集中在色彩方面。（　　）

19. 服饰的搭配可以体现一个人的性格和品味。（　　）

20. 生活中服饰配件的选择一般不宜过多，点到为止即可。（　　）

二、单项选择题（选择一个正确的答案，将相应的字母填入题内的括号中）

1. 以下说法有误的是（　　）。

   A. 穿着要符合个人肤色、体形、气质、身份

   B. 穿着和文化无关

   C. 穿着要符合个人生活环境

   D. 在统一中求变化，在变化中求统一，是服饰搭配中的辩证关系

2. 不适合参加正式社交活动的服装是（　　）。

   A. 连衣长裙　　　B. 燕尾服　　　C. 西装　　　D. 牛仔裤

3. 中山装的服装式样体现的美学原理是（　　）。

   A. 对比　　　B. 对仗　　　C. 对偶　　　D. 对称

4. 等量不等形体现的是形式美学中的（　　）。

   A. 对比　　　B. 节奏　　　C. 对称　　　D. 均衡

5. （　　）与服装色彩的关系是主从关系，是局部与整体的关系。

A. 配件色彩　　B. 服装款式　　C. 服装面料　　D. 服装工艺

6. 在选用服饰品时，要注意把饰品设计和（　　）等方面综合起来考虑。

   A. 化妆设计　　　　　　　B. 化妆师的个人喜好

   C. 模特的个人喜好　　　　D. 服装的工艺

7. 在下列元素中，对现代服装造型影响最大的是（　　）。

   A. 腰线　　B. 肩线　　C. 臀线　　D. 领线

8. 使用自由线划分形式时，（　　）是最突出的使用对象。

   A. 耳环　　B. 项链　　C. 戒指　　D. 腰带

9. 在服装的配色中，肤色与面料的色彩要做到（　　）。

   A. 纯度对比　　B. 色相对比　　C. 明度对比　　D. 冷暖对比

10. （　　）一位美学家说："人有生成之面，有相配衬之衣，衣有相陪衬之色，皆一定而不可移者"都是强调服装与色彩相配与着装者的年龄、体形，与季节、场合以及时代背景、风格、习惯不可脱节。

    A. 明代　　B. 唐代　　C. 清朝　　D. 汉朝

11. 新闻主持人的服装风格适合选择（　　）。

    A. 活泼轻快　　B. 时尚前卫　　C. 雍容华贵　　D. 简洁大方

12. 新闻主持人的服装适合选择（　　）。

    A. 晚礼服　　B. 休闲服　　C. 职业套装　　D. 居家服

13. 脖子短的人不适合的服装衣领为（　　）。

    A. 竖领　　B. "V"领　　C. "U"领　　D. 敞开的衣领

14. 文艺晚会主持人适合选择（　　）的服装。

    A. 活泼　　B. 时尚　　C. 简洁　　D. 大方

15. （　　）的搭配，可以体现一个人的性格和品位。

    A. 服饰　　B. 发饰　　C. 面饰　　D. 妆面

16. 服饰配件的造型受到制作工艺和材料的限制，因此，设计有一定的（　　）。

    A. 装饰性　　B. 夸张性　　C. 无限性　　D. 局限性

17. 在模特造型中，人物服装选择时，不考虑的因素是（　　）。

A. 性格　　　　B. 主题　　　　C. 款式　　　　D. 质地

18. 配件色彩与服装色彩的关系是（　　）关系。
    A. 上下　　　　B. 左右　　　　C. 主从　　　　D. 里外

19. 以下描述正确的是（　　）。
    A. 服饰配件只需实用性　　　　B. 服饰配件只需审美性
    C. 服饰配件是实用和审美性的结合　　　　D. 服饰配件的用途与装饰效果都相同

20. 以下服饰不适宜冬天使用的是（　　）。
    A. 草帽　　　　B. 围巾　　　　C. 提包　　　　D. 项链

21. 服装的配色不宜太多，最好不要超过的色彩数量是（　　）套。
    A. 1　　　　B. 2　　　　C. 3　　　　D. 4

22. 偏瘦者一般不宜穿着的色彩是（　　）。
    A. 亮色　　　　B. 暗色　　　　C. 暖色　　　　D. 艳色

23. 头小颈细者适合选（　　）领。
    A. V　　　　B. 立　　　　C. 低圆　　　　D. 低方

24. 腿短的人不适和穿（　　）。
    A. 高腰裙　　　　B. 过膝裙　　　　C. 直筒裤　　　　D. 超短裙

25. 下列领型中，最适合长脸形是（　　）。
    A. 高领　　　　B. 方领　　　　C. 圆领　　　　D. "V"字领

26. 腰身粗、腰节低的人应选择（　　）。
    A. 紧身长外套　　　　B. 紧身短外套　　　　C. 宽松长外套　　　　D. 宽松短外套

27. 服装选择配件应与服装（　　）协调。
    A. 面料　　　　B. 质地　　　　C. 款式　　　　D. 价格

28. 脸形较短的人适合选择较（　　）的颈链。
    A. 长　　　　B. 短　　　　C. 粗　　　　D. 价格

29. 颈部短的人不适合佩戴（　　）颈饰。
    A. U型　　　　B. V型　　　　C. 颈链型　　　　D. 长项链型

30. 脸形较长，脖子也较长的女性适合（　　）饰品。

A. U 型　　　　B. V 型　　　　C. 颈链型　　　　D. 长项链型

31. 颈部过长的人适合（　　）的衣服。

A. V 领　　　　B. 圆领　　　　C. 高领　　　　D. 无领

32. 颈部短的人不适合（　　）的衣服。

A. 低领　　　　B. V 领　　　　C. U 领　　　　D. 高领

发式造型

一、判断题（将判断结果填入括号中。正确的填"√"，错误的填"×"）

1. 自 19 世纪中后期开始，从西方到东方，男子发式趋向短发，我国称之为西式头。（　　）

2. 唐朝妇女推崇柔美，眉毛大多纤细弯曲。（　　）

3. 玛丽莲·梦露的发型给人以先锋前卫的感觉。（　　）

4. 在设计传统欧洲宫廷晚宴造型时，经常会用到油条卷的发型款式，它给人以一种高贵典雅的感觉。（　　）

5. 圆脸形的发型设计如果将发型向上梳理，会使脸形有拉长的效果。（　　）

6. 圆脸形男士鬓角轮廓一定要采用圆形。（　　）

7. 方脸形修剪时，两边侧发不能过厚，发帘可做波纹状斜向一侧，即采取圆形轮廓修饰方形脸。（　　）

8. 方脸形的刘海做得圆润些，可减弱脸的棱角感。（　　）

9. 长型脸的发型设计中，刘海区头发向后梳理可用来修饰脸形。（　　）

10. 常用刘海的造型来减弱菱形脸的棱角感。（　　）

11. 菱形脸女性的发型，要在前额适当增加发帘的长度。（　　）

12. 正三角形脸的特点是下部较窄、上部宽大，缺少灵秀之感。（　　）

13. 倒三角形脸在造型时，刘海向上梳理并利用左右两边的头发自然下垂减弱下半部的宽度。（　　）

14. 倒三角形脸在发型造型时的目的是减少额头宽度和脸部下半部的宽度。（　　）

15. 宽额头的发型修饰，最好的方式是盘发。（   ）
16. 眼睛过小，通常发型设计的发量不宜过多。（   ）
17. 眼睛过小，设计刘海时可以水平设计。（   ）
18. 男士眼距过宽无法使用刘海修饰。（   ）
19. 女式发型修剪时，居中刘海可以减弱眼距过窄效果。（   ）
20. 眼距过近，可通过修剪使发型有舒展、活力感。（   ）
21. 电视节目主持人妆可以随意发挥想象。（   ）
22. 娱乐电视节目主持人的造型变化丰富，富有时尚的创意。（   ）
23. 模特妆没有固定性特点。（   ）
24. 矮胖体形的发型设计，发梢、发帘修剪有层次参差层次感。（   ）
25. 高瘦体形在进行发型设计中，一般以短发式发型为主。（   ）
26. 高瘦体形的长发形态，或直或曲，都可达到潇洒飘逸的效果。（   ）
27. 对上大下小体形的女性，在选择发型上应通过修剪减轻上重之感。（   ）
28. 对上大下小体形的女性，在发型的处理上应选择较收拢的发式协调身材。（   ）
29. 菱形体形选择发型时，应尽可能收紧，有利索感。（   ）
30. 头大体形的人在发型设计中，应选择粗犷蓬松的发式，最佳的选择是卷发，以此来配合体形。（   ）
31. 头小体形的人，在处理发型时，应选择较饱满的发式来配合身材的协调。（   ）
32. 头小体形的人在发型设计上考虑头形的同时也应考虑脸形的因素，因此多用扎马尾的手法。（   ）
33. 个子矮小的人将头发盘起来，会使人看上去略显高些。（   ）
34. 体形高大的人一般以中长直发为好，或者是大波浪的卷发，这样显得自然。（   ）
35. 发饰一般没有严格的种类区分。（   ）
36. 发饰式样的选配一般应以服装、发型和发色等为依据。（   ）
37. 短发造型各异，轮廓丰满、线条流畅，也能体现高贵、华丽的气质。（   ）
38. 发式与服装造型的基本关系就是求异。（   ）
39. 浪漫的女士裙装，如果配以短直发，效果更妩媚。（   ）

40. 发色与服装色彩的选配规则，有同色选配、对比色选配等。（　）
41. 晚装盘发基本分区为刘海区、左侧区、右侧区、冠顶区、后枕区。（　）
42. 拧绳手法有不同操作技巧，此手法唯一的作用是可以将头发长度缩短。（　）

二、单项选择题（选择一个正确的答案，将相应的字母填入题内的括号中）

1. 中国古代男子剃顶，留有长辫的是（　　）。
   A. 唐代　　　　B. 汉代　　　　C. 清代　　　　D. 明代
2. 以下发饰不属于唐代的有（　　）。
   A. 大拉翅　　　B. 朝天髻　　　C. 双望仙髻　　D. 飞髻
3. 唐代妇女喜欢发髻上饰（　　）。
   A. 梳　　　　　B. 步摇　　　　C. 钗　　　　　D. 勒子
4. 明代女性发髻在正中的为（　　）。
   A. 已婚夫人　　B. 未婚女子　　C. 少女　　　　D. 小姑娘
5. 西欧历史上，假发盛行的时期是（　　）。
   A. 古罗马　　　B. 古希腊　　　C. 18世纪　　　D. 文艺复兴时期
6. 西欧历史上，男子基本不戴假发是在（　　）。
   A. 18世纪　　　B. 文艺复兴时期　C. 19世纪　　　D. 17世纪
7. 有人将欧洲（　　）称为"假发时代"。
   A. 16世纪　　　B. 17世纪　　　C. 18世纪　　　D. 19世纪
8. 法国女子流行的奇特发型"芳坦鸠"是在（　　）。
   A. 17世纪末　　B. 18世纪　　　C. 16世纪　　　D. 19世纪
9. 大圆脸发型的选择，不适合的是（　　）。
   A. 长发　　　　B. 超短发　　　C. 中长发　　　D. 长卷发
10. 圆脸形的发型设计，采用（　　）发型。
    A. 顶部蓬松　　B. 脸颊两侧发太厚　C. 发帘厚密　　D. 刘海要长
11. 圆形脸的男士选择发型时，宜选择（　　）型发式。
    A. 蓬松　　　　B. 直线　　　　C. 收紧　　　　D. 卷曲
12. 圆形脸的男士在修剪发型时，鬓角可以修剪成（　　）。

A. 圆形　　　　　B. 尖形　　　　　C. 椭圆形　　　　D. 方形

13. 方脸形女士在发型设计时，最好选择（　　）。
    A. 短直发　　　　　　　　　B. 扎马尾
    C. 发际完全向后梳光　　　　D. 卷发

14. 以下发型中比较适合方脸型的是（　　）。
    A. 发梢整齐水平　B. 扎马尾　　　C. 侧发帘　　　D. 齐耳短发

15. 方脸形在吹风造型时，顶部要呈现出（　　）。
    A. 圆感　　　　　B. 尖感　　　　C. 方感　　　　D. 平感

16. 宽大的前额，采用（　　）的侧面发帘掩饰，增加面部线条造型的变化，展示活泼的美感。
    A. 收紧　　　　　B. 蓬松　　　　C. 紧贴　　　　D. 凌乱

17. 适合长脸形的造型是（　　）。
    A. 顶部要做高　　B. 发帘下垂　　C. 侧发收紧　　D. 适合修剪成长发式

18. 长形脸在刘海的处理上一般选用（　　）来减弱脸的长度感。
    A. 碎刘海　　　　B. 齐刘海　　　C. 卷曲刘海　　D. 任意刘海

19. （　　）对长脸很合适，发型轮廓需要饱满、蓬松。
    A. 剪发　　　　　B. 烫发　　　　C. 直发　　　　D. 染发

20. 长脸形的男士应避免（　　）发型。
    A. 大型发式　　　B. 小型发式　　C. 向前梳理的发型　D. 留刘海

21. （　　）颧骨线的宽度，来增加额头及下巴的宽度感觉是菱形脸的发型设计方法。
    A. 增加　　　　　B. 减少　　　　C. 平衡　　　　D. 不变

22. 菱形脸发型设计主要是为了减弱（　　）的视觉形态。
    A. 下颌　　　　　B. 眼睛　　　　C. 颧骨　　　　D. 鼻部

23. 菱形脸的女性发型要在（　　）适当增加头发的厚度和宽度。
    A. 后脑　　　　　B. 顶区　　　　C. 刘海区　　　D. 耳朵下的侧发区

24. 菱形脸女性发型的下部要（　　）。
    A. 收紧　　　　　B. 饱满　　　　C. 平服　　　　D. 凌乱

25. 对于正三角形脸一般采取（　　）。
    A. 上部横向丰盈　　B. 上部收缩　　C. 底部横向丰盈　　D. 底部收缩

26. （　　）的发型造型一般采用将顶发区造型加宽，并使之有一定的蓬松度。
    A. 正三角形脸　　B. 圆形脸　　C. 方形脸　　D. 倒三角形脸

27. 正三角形脸发型的修剪，发梢部位应修剪成（　　）。
    A. V形　　B. U形　　C. I形　　D. H形

28. 正三角形男士发型上部应该（　　），两鬓偏厚。
    A. 服帖　　B. 饱满　　C. 扁平　　D. 短直

29. 倒三角形脸在发型设计时（　　）。
    A. 一般采用增加顶区发量　　B. 丰盈衬托底部
    C. 发帘斜向遮盖一角　　D. 以上各项都正确

30. 倒三角形脸在造型时，顶部头发要（　　）。
    A. 隆起　　B. 横向丰盈　　C. 紧贴头皮　　D. 任意

31. 倒三角形脸型的人，应该选择（　　）。
    A. 超短发型和长发型　　B. 短发和长发型
    C. 短发和中长发型　　D. 中长发型和长发型

32. 倒三角形脸男士发型应该适当加长头发长度，或者进行（　　），效果也很好。
    A. 拉直　　B. 编发　　C. 盘发　　D. 卷发修饰

33. 前额较宽的人物发型设计要用（　　）的发花遮盖，从而增加整个面部美态。
    A. 蓬松　　B. 刘海　　C. 波浪　　D. 碎花

34. 宽额头的人，发型设计的要点是（　　）。
    A. 发帘的修剪　　B. 头发层次要高
    C. 整体头发层次要低　　D. 后发区要厚

35. 可调整宽额头的最好的方法是（　　）。
    A. 选择短发　　B. 选择长发　　C. 中分发型　　D. 修剪发帘

36. 要想让宽额头的人，呈现文静、可爱的感觉，发帘应该（　　）。
    A. 垂直　　B. 参差层次　　C. 卷曲　　D. 两侧不对称

37. 眼睛过小，设计刘海的最佳效果是（　　）。
    A. 侧刘海　　　B. 厚刘海　　　C. 水平齐刘海　　　D. 短刘海

38. 眼睛过小，通常发型不适合向（　　）梳光。
    A. 上　　　B. 后　　　C. 右　　　D. 左

39. （　　）不适合头发完全向后梳光的发型。
    A. 大眼睛　　　B. 圆眼睛　　　C. 细长眼睛　　　D. 小眼睛

40. 小眼睛的修饰，可以将发帘加长，或是布置卷曲的侧发在（　　）进行点缀，能掩饰眼睛过小的缺憾。
    A. 眼睛周围　　　B. 耳朵周围　　　C. 鼻子的侧面　　　D. 嘴角周围

41. 眼距过宽，修剪发型时，要将两侧发型（　　）。
    A. 向后推　　　B. 收拢　　　C. 向两侧分开　　　D. 向后翻卷

42. 眼距过宽的人在发型造型时可以将两侧的发型向（　　）推，从而改善宽眼距的状态。
    A. 前　　　B. 后　　　C. 上　　　D. 下

43. （　　）眼形的人，修剪发型时，要特意的将两侧的发型向前推。
    A. 小眼睛　　　B. 大眼睛　　　C. 宽眼距　　　D. 上吊

44. 眼距过宽的人，发帘梢处应修剪成参差层次，形成（　　）的效果。
    A. 上实下虚　　　B. 上虚下实　　　C. 明暗参半　　　D. 雅致

45. 眼距过窄，女式发型修剪时，刘海应（　　）。
    A. 稀薄　　　B. 厚重　　　C. 居中　　　D. 任意

46. 眼距过近，刘海处发梢造型可以修剪成（　　）改善眼形。
    A. 两边长　　　B. 水平线状　　　C. 中间长　　　D. 中间短

47. 眼距过近，发型两侧轮廓造型（　　）。
    A. 服帖　　　B. 松散　　　C. 自然下垂　　　D. 丰满

48. 眼距过近，用电卷棒电卷头发时，要注意（　　）。
    A. 两侧的头发向后翻卷　　　B. 两侧的头发向前翻卷
    C. 顶发区要蓬松　　　D. 后发区饱满

49. 电视节目主持人形象与（　　）要协调。
    A. 所主持的节目　　B. 观众需求　　　C. 导演要求　　　D. 市场流行
50. 电视节目主持人的妆面宜（　　）。
    A. 浓艳　　　　　B. 时尚　　　　　C. 自然　　　　　D. 可爱
51. 新闻类女主持人的化妆风格不应（　　）。
    A. 简约　　　　　B. 柔和　　　　　C. 夸张　　　　　D. 亲切
52. 新闻类女主持人的发型风格，外轮廓以（　　）椭圆形为佳。
    A. 饱满　　　　　B. 夸张　　　　　C. 怪异　　　　　D. 时尚
53. 春晚主持人的化妆，眼部修饰可粘贴（　　）。
    A. 假睫毛　　　　B. 耳环　　　　　C. 假发　　　　　D. 饰品
54. 春晚女主持人可以穿（　　）。
    A. 晚礼服　　　　B. 休闲服　　　　C. 工作服　　　　D. 运动服
55. 娱乐电视节目男主持人的妆面可具（　　）感。
    A. 怪异　　　　　B. 另类　　　　　C. 艳丽　　　　　D. 时尚
56. 娱乐电视节目主持人的妆面适合（　　）。
    A. 理智　　　　　B. 保守　　　　　C. 欢快　　　　　D. 朴素
57. 角色妆最重要的是（　　）和所处的生活环境在肤色上要表现出来。
    A. 角色的身份　　B. 角色的身材　　C. 角色的要求　　D. 角色的长相
58. 表现中年时期的角色形象需要体现生理形态，不需要根据（　　）。
    A. 剧本的提示要求　　　　　　　　B. 导演的构思处理
    C. 演员的实际条件　　　　　　　　D. 演员的要求
59. 模特妆注重创意体现，追求个性化，以适应一定（　　）要求。
    A. 化妆师　　　　B. 模特　　　　　C. 时尚　　　　　D. 大众
60. 模特妆不只是在脸上着色，（　　）的处理在此更具感性的魅力。
    A. 妆型　　　　　B. 色彩　　　　　C. 面形　　　　　D. 发型
61. 适合矮胖体形的发型是（　　）。
    A. 披肩长发　　　B. 蓬松发型　　　C. 短发　　　　　D. 长卷发

62. 矮胖体形的发型后部边线轮廓采用"（　　）"字形用来增强立体视觉效果。
    A. Z　　　　　　　B. V　　　　　　　C. T　　　　　　　D. A
63. 矮胖体形的人，不能选择（　　）发型。
    A. 短发　　　　　B. 直发　　　　　C. 披肩长发　　　D. 中长发
64. （　　）体形的人，适合选择短发与直发。
    A. 矮胖　　　　　B. 高大　　　　　C. 菱形　　　　　D. 头大
65. 高瘦体形的发型，一般选用（　　）。
    A. 超短发　　　　B. 中长外翻　　　C. 短发　　　　　D. 长直发
66. 高瘦体形在进行发型设计中，最不适合的是（　　）。
    A. 长卷发　　　　B. 编穗发　　　　C. 中长外翻发　　D. 短发型
67. 高瘦体形的人，想给人柔和、优美的感觉，可选择（　　）。
    A. 波浪形长发　　B. 短发　　　　　C. 盘发　　　　　D. 编发
68. 高瘦体形的人，要改变体型的缺憾，可选择（　　）。
    A. 短发　　　　　B. 直发　　　　　C. 长卷发　　　　D. 寸发
69. 对上大下小体形的人，可采取（　　）。
    A. 蓬松短发　　　B. 蓬松卷发　　　C. 短直发　　　　D. 任意形
70. 上大下小体形的女性，不能选择（　　）。
    A. 发型　　　　　B. 服装　　　　　C. 化妆　　　　　D. 帽饰
71. 上大下小体形的人，发梢可进行（　　）处理。
    A. 薄而虚　　　　B. 厚而实　　　　C. 整齐　　　　　D. 卷翘
72. 上大下小体形的女性，在发型上宜选择（　　）。
    A. 蓬松式　　　　B. 反翘式　　　　C. 饱满式　　　　D. 收拢式
73. 对于菱形体形，不适合选（　　）。
    A. 超短发　　　　B. 中长发型　　　C. 外翻式发型　　D. 卷发
74. 菱形体形的人，适宜（　　），尽可能让头发向高度发展，亮出脖子以增加身体高度。
    A. 披肩长发　　　B. 卷发　　　　　C. 中长发型　　　D. 以上各项都正确

75. 菱形体形不必注意发型（　　）。
    A. 轮廓造型　　　B. 曲线造型　　　C. 弧线的流畅　　　D. 造型的价格
76. 菱形体形选择发型时，忌（　　）。
    A. 收紧头发　　　B. 头发蓬松　　　C. 发梢参差层次　　　D. 外翻式发型
77. 头大体形有沉重，不秀气感，发型可选择（　　）。
    A. 蓬松卷发　　　B. 蓬松长发　　　C. 蓬松直发　　　D. 短发型
78. （　　）体形适合选择短发。
    A. 头大　　　B. 头小　　　C. 高大　　　D. 瘦长
79. 头大体形的人，两侧和后部的发型设计应该（　　）。
    A. 蓬松　　　B. 卷曲　　　C. 服帖　　　D. 饱满
80. 头大体形的人，设计发型时，（　　）发丝服帖自然垂下，具有收敛头部的感觉。
    A. 两侧及前部　　　B. 两侧和顶部　　　C. 前部和顶部　　　D. 两侧及后部
81. 头小体形的人，不适合的发型有（　　）。
    A. 长发　　　B. 中长发　　　C. 超短发　　　D. 卷发
82. 头小体形的人，比较适合的发型有（　　）。
    A. 蓬松的卷发　　　　　　　B. 扎紧的马尾发
    C. 纹理感强的短发　　　　　D. 超短发
83. 头小体形的人，要塑造出飘逸之感，（　　）发型比较合适。
    A. 中长　　　B. 中短　　　C. 外翻短发　　　D. 超短
84. 个子矮小的人，发型应以（　　）为主。
    A. 秀气　　　B. 粗犷　　　C. 披肩长发　　　D. 长发波浪
85. 个子矮小的人，（　　）看上去略显高些。
    A. 后枕区扎马尾　　　　　　B. 头顶区头发盘起
    C. 后枕区做发髻　　　　　　D. 披肩波浪
86. 个子矮小的人，不宜选的发型有（　　）。
    A. 披肩长发　　　B. 端庄盘发　　　C. 扎马尾　　　D. 短发
87. 高大体形的女性不宜选（　　）。

A. 中长直发　　　B. 短直发　　　C. 过腰长卷发　　　D. 短卷发

88. （　　）体形对于男士来说，是非常好的体形条件，选择发型范围广泛。

　　A. 高大　　　　B. 瘦长　　　　C. 头小　　　　D. 头大

89. 高大体形的女性可选择（　　）的直发，使线条流畅有秀气的感觉。

　　A. 时尚　　　　B. 简洁明快　　C. 华丽　　　　D. 流行

90. 欧洲18世纪，男子的假发常常在后面用（　　）打毛。

　　A. 丝带　　　　B. 围巾　　　　C. 绳子　　　　D. 藤条

91. 玫瑰发饰一般用在（　　）场合。

　　A. 婚礼　　　　B. 日常生活　　C. 职业　　　　D. 运动

92. 发饰的种类繁多，选择时应以（　　）为依据。

　　A. 妆面　　　　B. 服装　　　　C. 发型设计　　D. 个性

93. 不同年龄的发饰选配时，年轻人应选择（　　）些，以显示活泼。

　　A. 时尚　　　　B. 淡雅　　　　C. 朴素　　　　D. 端庄

94. 金色、栗褐色的发色应配以（　　）调的服装。

　　A. 冷色　　　　B. 补色　　　　C. 暖色　　　　D. 对比

95. 发色与服装色彩的选配，采用对比配色时，效果（　　）。

　　A. 明快　　　　B. 和谐　　　　C. 排斥　　　　D. 柔和

96. 金红色发型配蓝色服装，效果（　　）。

　　A. 和谐　　　　B. 浪漫　　　　C. 不协调　　　D. 明快

97. 褐色发型与淡绿色服装相配，给人（　　）的感觉。

　　A. 清新　　　　B. 艳丽　　　　C. 活泼　　　　D. 冷艳

98. （　　）是发型与服装造型的基本关系。

　　A. 求同　　　　　　　　　　　B. 求异

　　C. A和B都不正确　　　　　　D. A和B都正确

99. 浪漫的女士裙装，配合（　　），显得妩媚，具有飘逸之感。

　　A. 短发　　　　B. 直发　　　　C. 盘发　　　　D. 长卷发

100. 浪漫的女士裙装，配合长卷发，（　　）。

A. 显得妩媚，具有飘逸之感　　B. 清新自然
C. 清爽利落　　D. 帅气洒脱

101. 染发可改变头发的质感，并突出（　　）。
　　A. 色彩效果　　B. 特殊效果　　C. 发型效果　　D. 整体效果

102. 与羽绒衣、滑雪衫相适应的休闲发型为（　　）。
　　A. 大波浪卷发　　B. 垂顺直发　　C. 短发　　D. 简洁盘发

103. 流行长发、超短发和服装款式变化形成（　　）的流行趋势。
　　A. 超前　　B. 个性　　C. 同步　　D. 多样

104. 短发造型各异、轮廓丰满、线条流畅，也能体现（　　）的气质。
　　A. 高贵　　B. 端庄　　C. 飘逸　　D. 柔美

105. 在设计传统晚宴造型时，可选择（　　）。
　　A. 超短发　　B. 短穗发　　C. 中长穗发　　D. 高盘发

106. 宴会服饰高贵、华丽，在发型的设计上一般做成（　　），并适当点缀。
　　A. 发髻　　B. 马尾　　C. 波浪　　D. 直发

107. 传统晚宴造型，宜选择（　　）。
　　A. 超短发　　B. 短穗发　　C. 中长穗发　　D. 高盘发

108. 为了增加发量感，采用倒梳法，通常会用（　　）。
　　A. 排梳　　B. 滚梳　　C. 排骨梳　　D. 定型梳

109. 在盘发分区时，应选用（　　）。
　　A. 尖尾梳　　B. 排梳　　C. 钢梳　　D. 滚梳

110. （　　）用于局部造型，起保湿定型的作用。
　　A. 发油　　B. 发乳　　C. 发雕　　D. 啫哩

111. 盘发的三种基本形式是发结、发辫和（　　）。
　　A. 拧绳　　B. 发髻　　C. 包发　　D. 波纹

112. 在盘发造型中，（　　）可以修饰前额或前额发迹线的不足。
　　A. 刘海区　　B. 冠顶区　　C. 侧区　　D. 后枕区

113. （　　）模特的发型可以夸张时尚，并佩戴亮丽时尚个性的头饰。

A. 平面　　　　B. 广告　　　　C. 杂志　　　　D. T 台

114. 出席时尚晚宴，女性可以佩带（　　）。

　　A. 时尚头饰　　B. 鲜花　　　　C. 皇冠　　　　D. 簪子

115. （　　）线条轮廓较硬朗，可以用柔美的波浪假发来柔化脸部的线条感。

　　A. 椭圆形脸　　B. 三角形脸　　C. 圆形脸　　　D. 正方形脸

116. 生活发式要求（　　），易于梳理，并考虑实用大方。

　　A. 简单　　　　B. 时尚　　　　C. 中长　　　　D. 发色

117. 生活发式应依据人的（　　）等设计因素来完成。

　　A. 年龄　　　　B. 职业　　　　C. 脸形　　　　D. 以上各项都正确

118. 通常用扎马尾的技巧来体现（　　）的生活方式。

　　A. 活泼　　　　B. 严谨　　　　C. 庄重　　　　D. 保守

119. 盘发大致可分为晚装盘发、休闲盘发和（　　）。

　　A. 婚礼盘发　　B. 发髻盘发　　C. 发辫盘发　　D. 以上各项都正确

第4部分

操作技能复习题

彩妆设计稿

一、面部彩妆设计稿——宴会妆造型（试题代码①：1.1.2；考核时间：60min）

1. 试题单

（1）操作条件

1）写生教室。

2）写生照明灯、背景布、写生台。

3）素描纸、画板、画架。

4）24色彩色铅笔、绘图铅笔、眼影、眼影刷、眉笔、橡皮、美工刀、图钉。

（2）操作内容

1）构图。

2）造型。

3）色彩。

4）技法。

5）神态。

6）画面效果。

---

① 试题代码表示该试题在鉴定方案《考核项目表》中的所属位置。左起第一位表示项目号，第二位表示单元号，第三位表示在该项目、单元下的第几个试题。

(3) 操作要求

1) 构图

①主体突出。

②结构比例准确。

③画面布局均衡。

④大小适中。

2) 造型

①抓住宴会妆特征。

②比例准确。

③有立体、空间感。

④肖似对象。

3) 色彩

①色彩丰富。

②色调和谐。

③明暗关系明确。

④色彩关系明确。

4) 技法

①排线布局条理明确。

②熟练运用彩铅表达画面效果。

③熟练运用彩铅表达画面层次感。

④画面整洁。

5) 神态

①表现生动。

②神形肖似宴会妆造型。

③抓住形态特征。

④表情刻画肖似。

6) 画面效果

①整体描绘。

②突出主体。

③画面色彩丰富。

④画面洁净。

2. 评分表

试题代码及名称			1.1.2 面部彩妆设计稿——宴会妆造型		考核时间			60 min			
评价要素		配分	等级	评分细则	评定等级					得分
					A	B	C	D	E	
1	构图： 1）主体突出 2）结构比例准确 3）画面布局均衡 4）大小适中	2	A	全部达到要求						
			B	一项达不到要求						
			C	两项达不到要求						
			D	三项达不到要求						
			E	差或未答题						
2	造型： 1）抓住宴会妆特征 2）比例准确 3）有立体、空间感 4）肖似对象	5	A	全部达到要求						
			B	一项达不到要求						
			C	两项达不到要求						
			D	三项达不到要求						
			E	差或未答题						
3	色彩： 1）色彩丰富 2）色调和谐 3）明暗关系明确 4）色彩关系明确	5	A	全部达到要求						
			B	一项达不到要求						
			C	两项达不到要求						
			D	三项达不到要求						
			E	差或未答题						
4	技法： 1）排线布局条理明确 2）熟练运用彩铅表达画面效果 3）熟练运用彩铅表达画面层次感 4）画面整洁	3	A	全部达到要求						
			B	一项达不到要求						
			C	两项达不到要求						
			D	三项达不到要求						
			E	差或未答题						

续表

试题代码及名称		1.1.2 面部彩妆设计稿——宴会妆造型		考核时间	60 min				
评价要素	配分	等级	评分细则	评定等级					得分
				A	B	C	D	E	
5	神态： 1）表现生动 2）神形肖似宴会妆造型 3）抓住形态特征 4）表情刻画肖似	3	A	全部达到要求					
			B	一项达不到要求					
			C	两项达不到要求					
			D	三项达不到要求					
			E	差或未答题					
6	画面效果： 1）整体描绘 2）突出主体 3）画面色彩丰富 4）画面洁净	2	A	全部达到要求					
			B	一项达不到要求					
			C	两项达不到要求					
			D	三项达不到要求					
			E	差或未答题					
合计配分	20		合计得分						

等级	A（优）	B（良）	C（及格）	D（较差）	E（差或未答题）
比值	1.0	0.8	0.6	0.2	0

"评价要素"得分＝配分×等级比值。

二、面部彩妆设计稿——女车模造型（试题代码：1.1.3；考核时间：60 min）

1. 试题单

本试题操作条件和操作内容同上题。

本试题操作要求中要求抓住女车模特征，神形肖似女车模造型。其他操作要求同上题。

2. 评分表

见上题评分表，其中，评价要素 2 中 1）要求抓住女车模特征，评价要素 5 中 2）要求神形肖似女车模造型。其他评价要素要求同上题。

化妆造型

一、婚礼妆——中式新娘整体造型（试题代码：2.1.1；考核时间：70 min）

1. 试题单

(1) 操作条件

1) 常用化妆用品及工具。

2) 常用发型用品及工具。

3) 发饰品、服饰品。

4) 服装。

5) 模特（女性）：面部未化妆，发型未修饰。

(2) 操作内容

1) 化妆准备工作。

2) 皮肤的修饰。

3) 面部比例调整。

4) 脸形的修饰。

5) 眉的修饰。

6) 眼部修饰。

7) 鼻部修饰。

8) 脸颊修饰。

9) 唇部修饰。

10) 整体效果。

11) 化妆结束工作。

12) 个人仪表。

13) 人际交流与沟通。

14) 主题思想表述。

(3) 操作要求

1) 化妆准备工作

①工作有条不紊。

②物品摆放整齐合理。

③化妆品及相关用品准备齐全。

④模特妆前准备（头带、胸巾）。

2）皮肤的修饰

①正确选择粉底。

②瑕疵遮盖完美。

③底色涂抹均匀。

④塑造符合妆型的肤色、肤质,反映中式新娘古典的气质。

⑤注意身体裸露部位的皮肤修饰。

⑥干净透明、有整体感。

3）面部比例调整

①通过化妆技术,合理调整面部基本比例,达到美的要求。

②三庭五眼比例调整恰当。

③面部基本比例调整恰当。

④五官与面部比例匀称。

4）脸形的修饰

①适合婚礼妆的真实感。

②把握修饰尺度,不因矫正而失真。

③自然,不生硬。

④修饰技巧运用合理。

5）眉的修饰

①符合妆型和模特的特点。

②眉色浓淡恰当。

③过渡自然。

④线条流畅、清晰。

⑤眉形对称。

⑥柔美自然。

6）眼部修饰

①眼部修饰方法适合模特眼部条件。

②眼影色彩选择和搭配符合妆型和模特的特点。

③眼影渲染均匀，过渡自然。

④眼线自然流畅。

⑤睫毛粘贴自然美观，符合妆型。

7) 鼻部修饰

①形与色的刻画上都能符合妆型主题。

②鼻影部位准确。

③修饰适度，不露痕迹。

④无生硬感。

8) 脸颊修饰

①形与色的刻画符合妆型。

②腮红部位准确，适合脸形。

③色彩柔和真实，与整体妆色协调。

④左右对称。

9) 唇部修饰

①形与色的刻画上都能符合妆型。

②唇形准确，适合脸形。

③色彩与整体妆色协调。

④唇形完美，对称。

10) 整体效果

①妆型主题鲜明。

②妆型符合中式新娘造型的主题要求，体现喜庆、古典、美丽的气质特点。

③发式、服饰选择与整体效果协调统一。

④局部与整体相协调，达到美的统一。

11) 化妆结束工作

①为顾客整理衣物。

②领客人离场。

③清理工作台。

④保持环境卫生。

12) 个人仪表

①束发。

②无发丝下垂。

③化淡妆。

④仪容仪表得体。

13) 人际交流与沟通

①微笑待客。

②使用礼貌用语:"您好""请""谢谢"等。

③能适当运用身体语言为顾客服务。

④在操作全过程中,体现顾客至上的精神。

14) 主题思想表述

①口述介绍出完整的设计构思。

②思路清晰,逻辑性强。

③围绕主题,表达能力强。

④用语专业,简洁明了。

2. 评分表

试题代码及名称			2.1.1 婚礼妆——中式新娘整体造型		考核时间		70 min			
评价要素		配分	等级	评分细则	评定等级					得分
					A	B	C	D	E	
1	化妆准备工作: 1) 工作有条不紊 2) 物品摆放整齐合理 3) 化妆品及相关用品准备齐全 4) 模特妆前准备(头带、胸巾)	1	A	全部达到要求						
			B	一项达不到要求						
			C	两项达不到要求						
			D	三项达不到要求						
			E	差或未答题						

续表

试题代码及名称		2.1.1 婚礼妆——中式新娘整体造型		考核时间		70 min				
评价要素		配分	等级	评分细则	评定等级					得分
					A	B	C	D	E	
2	皮肤的修饰： 1）正确选择粉底 2）瑕疵遮盖完美 3）底色涂抹均匀 4）塑造符合妆型的肤色、肤质，反映中式新娘古典美的气质 5）注意身体裸露部位的皮肤修饰 6）干净透明、有整体感	3	A	全部达到要求						
			B	一项达不到要求						
			C	两项达不到要求						
			D	三项达不到要求						
			E	差或未答题						
3	面部比例调整： 1）通过化妆技术，合理调整面部基本比例，达到美的要求 2）三庭五眼比例调整恰当 3）面部基本比例调整恰当 4）五官与面部比例匀称	3	A	全部达到要求						
			B	一项达不到要求						
			C	两项达不到要求						
			D	三项达不到要求						
			E	差或未答题						
4	脸形的修饰： 1）符合新娘妆及模特的特点 2）把握修饰尺度，不因矫正而失真 3）自然，不生硬 4）修饰技巧运用合理	3	A	全部达到要求						
			B	一项达不到要求						
			C	两项达不到要求						
			D	三项达不到要求						
			E	差或未答题						
5	眉的修饰： 1）符合妆型和模特的特点 2）眉色浓淡恰当 3）过渡自然 4）线条流畅、清晰 5）眉形对称 6）柔美自然	4	A	全部达到要求						
			B	一项达不到要求						
			C	两项达不到要求						
			D	三项达不到要求						
			E	差或未答题						

续表

试题代码及名称		2.1.1 婚礼妆——中式新娘整体造型			考核时间	70 min					
评价要素		配分	等级	评分细则	评定等级					得分
					A	B	C	D	E	
6	眼部修饰： 1) 眼部修饰方法适合模特眼部条件 2) 眼影色彩选择和搭配符合妆型和模特的特点 3) 眼影渲染均匀，过渡自然 4) 眼线自然流畅 5) 睫毛粘贴自然美观，符合妆型	7	A	全部达到要求						
			B	一项达不到要求						
			C	两项达不到要求						
			D	三项达不到要求						
			E	差或未答题						
7	鼻部修饰： 1) 形与色的刻画上都能符合妆型主题 2) 鼻影部位准确 3) 修饰适度，不露痕迹 4) 无生硬感	2	A	全部达到要求						
			B	一项达不到要求						
			C	两项达不到要求						
			D	三项达不到要求						
			E	差或未答题						
8	脸颊修饰： 1) 形与色的刻画符合妆型 2) 腮红部位准确，适合脸形 3) 色彩柔和真实，与整体妆色协调 4) 左右对称	2	A	全部达到要求						
			B	一项达不到要求						
			C	两项达不到要求						
			D	三项达不到要求						
			E	差或未答题						
9	唇部修饰： 1) 形与色的刻画上都能符合妆型 2) 唇形准确，适合脸形 3) 色彩与整体妆色协调 4) 唇形完美，对称	3	A	全部达到要求						
			B	一项达不到要求						
			C	两项达不到要求						
			D	三项达不到要求						
			E	差或未答题						

续表

试题代码及名称			2.1.1 婚礼妆——中式新娘整体造型		考核时间		70 min			
评价要素		配分	等级	评分细则	评定等级					得分
					A	B	C	D	E	
10	整体效果： 1) 妆型主题鲜明 2) 妆型符合中式新娘造型的主题要求，体现喜庆、古典、美丽的气质特点 3) 发式、服饰选择与整体效果协调统一 4) 局部与整体相协调，达到美的统一	8	A	全部达到要求						
			B	一项达不到要求						
			C	两项达不到要求						
			D	三项达不到要求						
			E	差或未答题						
11	化妆结束工作： 1) 为顾客整理衣物 2) 引领客人离场 3) 清理工作台 4) 保持环境卫生	1	A	全部达到要求						
			B	一项达不到要求						
			C	两项达不到要求						
			D	三项达不到要求						
			E	差或未答题						
12	个人仪表： 1) 束发 2) 无发丝下垂 3) 化淡妆 4) 仪容仪表得体	1	A	全部达到要求						
			B	一项达不到要求						
			C	两项达不到要求						
			D	三项达不到要求						
			E	差或未答题						
13	人际交流与沟通： 1) 微笑待客 2) 使用礼貌用语："您好""请""谢谢"等 3) 能适当运用身体语言为顾客服务 4) 在操作全过程中，体现顾客至上的精神	2	A	全部达到要求						
			B	一项达不到要求						
			C	两项达不到要求						
			D	三项达不到要求						
			E	差或未答题						

续表

试题代码及名称		2.1.1 婚礼妆——中式新娘整体造型			考核时间			70 min			
评价要素		配分	等级	评分细则	评定等级					得分
					A	B	C	D	E	
14	主题思想表述： 1）口述介绍出完整的设计构思 2）思路清晰，逻辑性强 3）围绕主题，表达能力强 4）用语专业，简洁明了	5	A	全部达到要求						
			B	一项达不到要求						
			C	两项达不到要求						
			D	三项达不到要求						
			E	差或未答题						
合计配分		45		合计得分						

等级	A（优）	B（良）	C（及格）	D（较差）	E（差或未答题）
比值	1.0	0.8	0.6	0.2	0

"评价要素"得分＝配分×等级比值。

二、婚礼妆——甜美新娘整体造型（试题代码：2.1.2；考核时间：70 min）

1. 试题单

本试题操作条件和操作内容同上题。

本试题操作要求中要求塑造符合妆型的肤色、肤质，反映甜美新娘的气质；妆型符合甜美新娘婚纱造型主题要求，体现娇美、清新、纯洁的气质特点。其他操作要求同上题。

2. 评分表

见上题评分表，其中，评价要素 2 中 4）塑造符合妆型的肤色、肤质，反映甜美新娘的气质；评价要素 10 中 2）妆型符合甜美新娘婚纱造型主题要求，体现娇美、清新、纯洁的气质特点。其他评价要素要求同上题。

三、婚礼妆——时尚新娘整体造型（试题代码：2.1.3；考核时间：70 min）

1. 试题单

本试题操作条件和操作内容同上题。

本试题操作要求中要求塑造符合妆型的肤色、肤质，反映时尚新娘的气质；妆型符合时尚新娘婚纱造型主题要求，体现时尚、前卫、柔和的气质特点。其他操作要求同上题。

2. 评分表

见上题评分表,其中,评价要素2中4)塑造符合妆型的肤色、肤质,反映时尚新娘的气质;评价要素10中2)妆型符合时尚新娘婚纱造型主题要求,体现时尚、前卫、柔和的气质特点。其他评价要素要求同上题。

四、宴会妆——正式社交晚宴女性整体造型(试题代码:2.2.1;考核时间:70 min)

1. 试题单

(1) 操作条件

1) 常用化妆用品及工具。

2) 常用发型用品及工具。

3) 发饰品、服饰品。

4) 服装。

5) 模特(女性):面部未化妆,发型未修饰。

(2) 操作内容

1) 化妆准备工作。

2) 皮肤的修饰。

3) 面部比例调整。

4) 脸形的修饰。

5) 眉的修饰。

6) 眼部修饰。

7) 鼻部修饰。

8) 脸颊修饰。

9) 唇部修饰。

10) 整体效果。

11) 化妆结束工作。

12) 个人仪表。

13) 人际交流与沟通。

14) 主题思想表述。

(3) 操作要求

1) 化妆准备工作

①工作有条不紊。

②物品摆放整齐合理。

③化妆品及相关用品准备齐全。

④模特妆前准备（头带、胸巾）。

2) 皮肤的修饰

①正确选择粉底。

②瑕疵遮盖完美。

③底色涂抹均匀。

④塑造符合妆型的肤色、肤质，反映正式社交晚宴造型的高贵气质。

⑤注意身体裸露部位的皮肤修饰。

⑥有立体层次感。

3) 面部比例调整

①通过化妆技术，合理调整面部基本比例，达到美的要求。

②三庭五眼比例调整恰当。

③面部基本比例调整恰当。

④五官与面部比例匀称。

4) 脸形的修饰

①适合宴会妆及模特的特点。

②把握修饰尺度，不因矫正而失真。

③自然，不生硬。

④修饰技巧运用合理。

5) 眉的修饰

①符合妆型和模特的特点。

②眉色浓淡恰当。

③过渡自然。

④线条流畅、清晰。

⑤眉形对称。

⑥有修饰感，突显美丽。

6）眼部修饰

①眼部修饰方法适合模特眼部条件。

②眼影色彩选择和搭配符合妆型和模特的特点。

③眼影渲染均匀，过渡自然。

④眼线自然流畅。

⑤睫毛粘贴自然美观，符合妆型。

7）鼻部修饰

①形与色的刻画上都能符合妆型主题。

②鼻影部位准确。

③修饰适度，不露痕迹。

④无生硬感。

8）脸颊修饰

①形与色的刻画符合妆型。

②腮红部位准确，适合脸形。

③色彩柔和真实，与整体妆色协调。

④左右对称。

9）唇部修饰

①形与色的刻画上都能符合妆型。

②唇形准确，适合脸形。

③色彩与整体妆色协调。

④唇形完美，对称。

10）整体效果

①妆型主题鲜明。

②妆型符合出席正式社交晚宴女性造型主题要求，体现华丽、高贵的个人魅力。

③发式、服饰选择与整体效果协调统一。

④局部与整体相协调，达到美的统一。

11）化妆结束工作

①为顾客整理衣物。

②引领客人离场。

③清理工作台。

④保持环境卫生。

12）个人仪表

①束发。

②无发丝下垂。

③化淡妆。

④仪容仪表得体。

13）人际交流与沟通

①微笑待客。

②使用礼貌用语："您好""请""谢谢"等。

③能适当运用身体语言为顾客服务。

④在操作全过程中，体现顾客至上的精神。

14）主题思想表述

①口述介绍出完整的设计构思。

②思路清晰，逻辑性强。

③围绕主题，表达能力强。

④用语专业，简洁明了。

2. 评分表

试题代码及名称			2.2.1 宴会妆——正式社交晚宴女性整体造型		考核时间		70 min			
评价要素		配分	等级	评分细则	评定等级					得分
					A	B	C	D	E	
1	化妆准备工作： 1) 工作有条不紊 2) 物品摆放整齐合理 3) 化妆品及相关用品准备齐全 4) 模特妆前准备（头带、胸巾）	1	A	全部达到要求						
			B	一项达不到要求						
			C	两项达不到要求						
			D	三项达不到要求						
			E	差或未答题						
2	皮肤的修饰： 1) 正确选择粉底 2) 瑕疵遮盖完美 3) 底色涂抹均匀 4) 塑造符合妆型的肤色、肤质，反映正式社交晚宴造型的高贵的气质 5) 注意身体裸露部位的皮肤修饰 6) 有立体层次感	3	A	全部达到要求						
			B	一项达不到要求						
			C	两项达不到要求						
			D	三项达不到要求						
			E	差或未答题						
3	面部比例调整： 1) 通过化妆技术，合理调整面部基本比例，达到美的要求 2) 三庭五眼比例调整恰当 3) 面部基本比例调整恰当 4) 五官与面部比例匀称	3	A	全部达到要求						
			B	一项达不到要求						
			C	两项达不到要求						
			D	三项达不到要求						
			E	差或未答题						
4	脸形的修饰： 1) 符合宴会妆及模特的特点 2) 把握修饰尺度，不因矫正而失真 3) 自然，不生硬 4) 修饰技巧运用合理	3	A	全部达到要求						
			B	一项达不到要求						
			C	两项达不到要求						
			D	三项达不到要求						
			E	差或未答题						

续表

试题代码及名称		2.2.1 宴会妆——正式社交晚宴女性整体造型			考核时间	70 min					
评价要素		配分	等级	评分细则	评定等级						得分
					A	B	C	D	E		
5	眉的修饰： 1）符合妆型和模特的特点 2）眉色浓淡恰当 3）过渡自然 4）线条流畅、清晰 5）眉形对称 6）有修饰感，突显美丽	4	A	全部达到要求						
			B	一项达不到要求						
			C	两项达不到要求						
			D	三项达不到要求						
			E	差或未答题						
6	眼部修饰： 1）眼部修饰方法适合模特眼部条件 2）眼影色彩选择和搭配符合妆型和模特的特点 3）眼影渲染均匀，过渡自然 4）眼线自然流畅 5）睫毛粘贴自然美观，符合妆型	7	A	全部达到要求						
			B	一项达不到要求						
			C	两项达不到要求						
			D	三项达不到要求						
			E	差或未答题						
7	鼻部修饰： 1）形与色的刻画上都能符合妆型主题 2）鼻影部位准确 3）修饰适度，不露痕迹 4）无生硬感	2	A	全部达到要求						
			B	一项达不到要求						
			C	两项达不到要求						
			D	三项达不到要求						
			E	差或未答题						
8	脸颊修饰： 1）形与色的刻画符合妆型 2）腮红部位准确，适合脸形 3）色彩柔和真实，与整体妆色协调 4）左右对称	2	A	全部达到要求						
			B	一项达不到要求						
			C	两项达不到要求						
			D	三项达不到要求						
			E	差或未答题						

续表

试题代码及名称		2.2.1 宴会妆——正式社交晚宴女性整体造型		考核时间		70 min				
评价要素		配分	等级	评分细则	评定等级					得分
					A	B	C	D	E	
9	唇部修饰： 1) 形与色的刻画上都能符合妆型 2) 唇形准确，适合脸形 3) 色彩与整体妆色协调 4) 唇形完美，对称	3	A	全部达到要求						
			B	一项达不到要求						
			C	两项达不到要求						
			D	三项达不到要求						
			E	差或未答题						
10	整体效果： 1) 妆型主题鲜明 2) 妆型符合出席正式社交晚宴女性造型主题要求，体现华丽、高贵的个人魅力 3) 发式、服饰选择与整体效果协调统一 4) 局部与整体相协调，达到美的统一	8	A	全部达到要求						
			B	一项达不到要求						
			C	两项达不到要求						
			D	三项达不到要求						
			E	差或未答题						
11	化妆结束工作： 1) 为顾客整理衣物 2) 引领客人离场 3) 清理工作台 4) 保持环境卫生	1	A	全部达到要求						
			B	一项达不到要求						
			C	两项达不到要求						
			D	三项达不到要求						
			E	差或未答题						
12	个人仪表： 1) 束发 2) 无发丝下垂 3) 化淡妆 4) 仪容仪表得体	1	A	全部达到要求						
			B	一项达不到要求						
			C	两项达不到要求						
			D	三项达不到要求						
			E	差或未答题						

续表

试题代码及名称		2.2.1 宴会妆——正式社交晚宴女性整体造型			考核时间			70 min		
评价要素		配分	等级	评分细则	评定等级					得分
					A	B	C	D	E	
13	人际交流与沟通： 1) 微笑待客 2) 使用礼貌用语："您好""请""谢谢"等 3) 能适当运用身体语言为顾客服务 4) 在操作全过程中，体现顾客至上的精神	2	A	全部达到要求						
			B	一项达不到要求						
			C	两项达不到要求						
			D	三项达不到要求						
			E	差或未答题						
14	主题思想表述： 1) 口述介绍出完整的设计构思 2) 思路清晰，逻辑性强 3) 围绕主题，表达能力强 4) 用语专业，简洁明了	5	A	全部达到要求						
			B	一项达不到要求						
			C	两项达不到要求						
			D	三项达不到要求						
			E	差或未答题						
合计配分		45		合计得分						

等级	A（优）	B（良）	C（及格）	D（较差）	E（差或未答题）
比值	1.0	0.8	0.6	0.2	0

"评价要素"得分＝配分×等级比值。

五、宴会妆——"时尚之魅"主题宴会女性整体造型（试题代码：2.2.3；考核时间：70 min）

1. 试题单

本试题操作条件和操作内容同上题。

本试题操作要求中要求塑造符合妆型的肤色、肤质，反映时尚、娇美的气质；妆型符合参加"时尚之魅"主题宴会造型的要求，体现时尚、前卫的个人魅力。其他操作要求同上题。

2. 评分表

见上题评分表，其中，评价要素 2 中 4）塑造符合妆型的肤色、肤质，反映时尚、娇美的气质；评价要素 10 中 2）妆型符合参加"时尚之魅"主题宴会造型的要求，体现时尚、前卫的个人魅力。

六、模特妆——"国际车展"中女车模整体造型（试题代码：2.3.1；考核时间：70 min）

1. 试题单

（1）操作条件

1）常用化妆用品及工具。

2）常用发型用品及工具。

3）发饰品、服饰品、服装等。

4）模特 1 人：面部未化妆，发型未修饰。

（2）操作内容

1）化妆准备工作。

2）皮肤的修饰。

3）脸形的修饰。

4）眉的修饰。

5）眼部修饰。

6）鼻部修饰。

7）脸颊修饰。

8）唇部修饰。

9）整体效果。

10）化妆结束工作。

11）个人仪表。

12）人际交流与沟通。

13）主题思想表述。

（3）操作要求

1）化妆准备工作

①工作有条不紊。

②物品摆放整齐合理。

③化妆品及相关用品准备齐全。

④模特妆前准备（头带、胸巾）。

2）皮肤的修饰

①塑造符合妆型的肤色、肤质，反映女车模的气质。

②符合模特的特点及妆面要求。

③注意身体裸露部位的皮肤修饰。

3）脸形的修饰

①通过化妆技术，合理调整面部基本比例，达到美的要求。

②三庭五眼比例调整恰当。

③五官与面部比例匀称。

④把握修饰尺度，不因矫正而失真。

⑤自然，不生硬，修饰技巧运用合理。

⑥符合模特妆及模特的特点。

4）眉的修饰

①符合妆型和模特的特点。

②眉色浓淡恰当。

③过渡自然。

④线条流畅、清晰。

⑤眉形对称。

⑥有修饰感，突显美丽。

5）眼部修饰

①眼部修饰紧扣主题，符合命题，适合模特眼部条件。

②眼部设计反映不同用途、风格的造型要求。

③眼影色彩选择和搭配符合妆型和模特的特点。

④眼线自然流畅。

⑤睫毛粘贴自然美观,符合妆型。

6) 鼻部修饰

①形与色的刻画上都能符合妆型主题。

②鼻影部位准确。

③修饰适度,不露痕迹。

④无生硬感。

7) 脸颊修饰

①形与色的刻画符合妆型。

②腮红部位准确,适合脸形。

③色彩柔和真实,与整体妆色协调。

④左右对称。

8) 唇部修饰

①形与色的刻画上都能符合妆型。

②唇形准确,适合脸形。

③色彩与整体妆色协调。

④唇形完美,对称。

9) 整体效果

①妆型主题鲜明。

②妆型符合"国际车展"中女车模造型主题要求,符合车型的人物气质。

③发式、服饰选择与整体效果协调统一。

④局部与整体相协调,达到美的统一。

10) 化妆结束工作

①为顾客整理衣物。

②引领客人离场。

③清理工作台。

④保持环境卫生。

11) 个人仪表

①束发。

②无发丝下垂。

③化淡妆。

④仪容仪表得体。

12）人际交流与沟通

①微笑待客。

②使用礼貌用语："您好""请""谢谢"等。

③能适当运用身体语言为顾客服务。

④在操作全过程中，体现顾客至上的精神。

13）主题思想表述

①口述介绍出完整的设计构思。

②思路清晰，逻辑性强。

③围绕主题，表达能力强。

④用语专业，简洁明了。

2. 评分表

试题代码及名称			2.3.1 模特妆——"国际车展"中女车模整体造型		考核时间	70 min			
评价要素		配分	等级	评分细则	评定等级				得分
					A	B	C	D	E
1	化妆准备工作： 1）工作有条不紊 2）物品摆放整齐合理 3）化妆品及相关用品准备齐全 4）模特妆前准备（头带、胸巾）	1	A	全部达到要求					
			B	一项达不到要求					
			C	两项达不到要求					
			D	三项达不到要求					
			E	差或未答题					
2	皮肤的修饰： 1）塑造符合妆型的肤色、肤质，反映女车模的气质 2）符合模特的特点及妆面要求 3）注意身体裸露部位的皮肤修饰	3	A	全部达到要求					
			B	一项达不到要求					
			C	两项达不到要求					
			D	三项达不到要求					
			E	未答题					

续表

试题代码及名称			2.3.1 模特妆——"国际车展"中女车模整体造型		考核时间			70 min		
评价要素		配分	等级	评分细则	评定等级					得分
					A	B	C	D	E	
3	脸形的修饰： 1) 通过化妆技术合理调整面部基本比例达到美的要求 2) 三庭五眼比例调整恰当 3) 五官与面部比例匀称 4) 把握修饰尺度，不因矫正而失真 5) 自然，不生硬，修饰技巧运用合理 6) 符合模特妆及模特的特点	3	A	全部达到要求						
			B	一项达不到要求						
			C	两项达不到要求						
			D	三项达不到要求						
			E	差或未答题						
4	眉的修饰： 1) 符合妆型和模特的特点 2) 眉色浓淡恰当 3) 过渡自然 4) 线条流畅、清晰 5) 眉形对称 6) 有修饰感，突显美丽	3	A	全部达到要求						
			B	一项达不到要求						
			C	两项达不到要求						
			D	三项达不到要求						
			E	差或未答题						
5	眼部修饰： 1) 眼部修饰紧扣主题，符合命题，适合模特眼部条件 2) 眼部设计反映不同用途、风格的造型要求 3) 眼影色彩选择和搭配符合妆型和模特的特点 4) 眼线自然流畅 5) 睫毛粘贴自然美观，符合妆型	6	A	全部达到要求						
			B	一项达不到要求						
			C	两项达不到要求						
			D	三项达不到要求						
			E	差或未答题						

续表

试题代码及名称			2.3.1 模特妆——"国际车展"中女车模整体造型		考核时间			70 min		
评价要素		配分	等级	评分细则	评定等级					得分
					A	B	C	D	E	
6	鼻部修饰： 1) 形与色的刻画上都能符合妆型主题 2) 鼻影部位准确 3) 修饰适度，不露痕迹 4) 无生硬感	1	A	全部达到要求						
			B	一项达不到要求						
			C	两项达不到要求						
			D	三项达不到要求						
			E	差或未答题						
7	脸颊修饰： 1) 形与色的刻画符合妆型 2) 腮红部位准确，适合脸形 3) 色彩柔和真实，与整体妆色协调 4) 左右对称	1	A	全部达到要求						
			B	一项达不到要求						
			C	两项达不到要求						
			D	三项达不到要求						
			E	差或未答题						
8	唇部修饰： 1) 形与色的刻画上都能符合妆型 2) 唇形准确，适合脸形 3) 色彩与整体妆色协调 4) 唇形完美，对称	2	A	全部达到要求						
			B	一项达不到要求						
			C	两项达不到要求						
			D	三项达不到要求						
			E	差或未答题						
9	整体效果： 1) 妆型主题鲜明 2) 妆型符合"国际车展"中女车模造型主题要求，符合车型的人物气质 3) 发式、服饰选择与整体效果协调统一 4) 局部与整体相协调，达到美的统一	6	A	全部达到要求						
			B	一项达不到要求						
			C	两项达不到要求						
			D	三项达不到要求						
			E	差或未答题						

续表

试题代码及名称			2.3.1 模特妆——"国际车展"中女车模整体造型		考核时间			70 min	
评价要素		配分	等级	评分细则	评定等级				得分
					A	B	C	D	E	
10	化妆结束工作： 1）为顾客整理衣物 2）引领客人离场 3）清理工作台 4）保持环境卫生	1	A	全部达到要求						
			B	一项达不到要求						
			C	两项达不到要求						
			D	三项达不到要求						
			E	差或未答题						
11	个人仪表： 1）束发 2）无发丝下垂 3）化淡妆 4）仪容仪表得体	1	A	全部达到要求						
			B	一项达不到要求						
			C	两项达不到要求						
			D	三项达不到要求						
			E	差或未答题						
12	人际交流与沟通： 1）微笑待客 2）使用礼貌用语："您好""请""谢谢"等 3）能适当运用身体语言为顾客服务 4）在操作全过程中，体现顾客至上的精神	2	A	全部达到要求						
			B	一项达不到要求						
			C	两项达不到要求						
			D	三项达不到要求						
			E	差或未答题						
13	主题思想表述： 1）口述介绍出完整的设计构思 2）思路清晰，逻辑性强 3）围绕主题，表达能力强 4）用语专业，简洁明了	5	A	全部达到要求						
			B	一项达不到要求						
			C	两项达不到要求						
			D	三项达不到要求						
			E	差或未答题						
合计配分		35		合计得分						

等级	A（优）	B（良）	C（及格）	D（较差）	E（差或未答题）
比值	1.0	0.8	0.6	0.2	0

"评价要素"得分＝配分×等级比值。

七、模特妆——"国际时装节"女模特的整体造型（试题代码：2.3.2；考核时间：70 min）

1. 试题单

本试题操作条件和操作内容同上题。

本试题操作要求中要求塑造符合妆型的肤色、肤质，反映时装模特的气质；妆型符合"国际时装节"中女模特造型主题要求，符合时装的人物气质。其他操作要求同上题。

2. 评分表

见上题评分表，其中，评价要素 2 中 1）塑造符合妆型的肤色、肤质，反映时尚新娘的气质；评价要素 9 中 2）妆型符合"国际时装节"中女模特造型主题要求，符合时装的人物气质。

第5部分
理论知识考试模拟试卷及答案

化妆师（四级）理论知识试卷

注 意 事 项

1. 考试时间：90 min。
2. 请首先按要求在试卷的标封处填写您的姓名、准考证号和所在单位的名称。
3. 请仔细阅读各种题目的回答要求，在规定的位置填写您的答案。
4. 不要在试卷上乱写乱画，不要在标封区填写无关的内容。

	一	二	总分
得分			

得分	
评分人	

一、判断题（第1题～第60题。将判断结果填入括号中。正确的填"√"，错误的填"×"。每题0.5分，满分30分）

1. 19世纪欧洲上流社会出现在脸部贴上夸张的"美人斑"。 （   ）
2. 正确人生观与行为表现不必统一。 （   ）
3. 个人气质需在形体上多加训练才能逐渐形成。 （   ）

4. 一位优秀的化妆师，养成博得他人敬仰的气质最主要是具备幽默感。（ ）
5. 人的良好风度是通过学习就能获得的。（ ）
6. 化妆师外部整体美感协调一致，就能充分表现其风度所在。（ ）
7. 初次见面，就要洞幽烛微，由细微处见品性。（ ）
8. 对于民主型的人，问候时应充分体现出对对方的尊重。（ ）
9. 化妆师的微笑服务是待客礼节礼貌的唯一要求。（ ）
10. 同陌生人谈话最重要的就是能够尽快地找到双方的共同点。（ ）
11. 艺术表演化妆与日常生活化妆有着本质上的区别。（ ）
12. 表演化妆是一门综合性造型艺术。（ ）
13. 油彩比粉质彩妆易于晕染和遮盖。（ ）
14. 影视和舞台化妆用的工具与生活化妆用的工具不完全相同。（ ）
15. 油彩化妆笔用水洗就可以。（ ）
16. 绘画化妆法主要运用雕塑的方式和原理，属于立体方法。（ ）
17. 绘画化妆是利用绘画原理在演员的脸上化妆。（ ）
18. 绘画化妆法对化妆师的绘画水平有较高要求。（ ）
19. 绘画化妆法完全不受演员自身条件的影响。（ ）
20. 绘画化妆造型与绘画造型是一个概念。（ ）
21. 化妆眼线、唇线、眉毛等部位时，都离不开线条的运用。（ ）
22. 化妆时用偏冷的色彩，可使物体有前进、缩小的感觉。（ ）
23. 层次的调整和重组是绘画化妆的关键。（ ）
24. 用线条和色彩在演员脸上根据生理规律进行描画而改变其外貌的化妆方法称为立体化妆法。（ ）
25. 毛发粘贴不属于立体化妆。（ ）
26. 绘画化妆比立体化妆更真实。（ ）
27. 模特妆受流行趋势影响，有很强的时间性。（ ）
28. 传统大波浪可以通过做大卷和吹风来完成，但大波浪的梳理技巧单一、无变化。
（ ）

29. 选择生活发式时,一定要根据人的年龄、职业、脸型、服饰等来完成。（ ）
30. 在盘发中,如需用一些假发配件要注意色彩、质地、样式的协调性。（ ）
31. 现代新娘崇尚时尚盘发,并佩戴皇冠钻饰头饰。（ ）
32. 生活发式要求简单、易打理,只需考虑实用就可以了。（ ）
33. 宴会服饰高贵、华丽、大方,在发型设计上要梳理工整,长发一般做成发髻,加以适当点缀。（ ）
34. 蓝绿色发型配棕色服装,色彩表现活泼,别具情趣。（ ）
35. 塑料、木制的卡通式样发饰同样适合中年人。（ ）
36. 身材高大的人有一种健康、端庄、有力量的美,在发型的处理上要简洁、明快、线条流畅。（ ）
37. 个子矮小的人发型应以秀气精致为主,避免粗犷蓬松。（ ）
38. 头大体形的人在发型设计中,不可以选择蓬松长发。（ ）
39. 菱形体形的人,不宜留披肩长发,尽可能让头发向高度发展,亮出脖子以增加身体高度。（ ）
40. 矮胖体形的发型设计,一般建议直长发造型为多,可以很好地修饰体形。（ ）
41. 肤色的化妆要根据角色的实际情况来确定。（ ）
42. 春晚主持人的化妆,要强调面部的唯美效果。（ ）
43. 新闻类主持人的化妆,强调时尚效果。（ ）
44. 眼距过宽的人,发型两侧轮廓应尽可能丰满。（ ）
45. 宽额头的人,刘海可以往上造型。（ ）
46. 正三角形脸的造型目的是创造额头收缩的错觉。（ ）
47. 长形脸由于前额发际线生长较高,下颌也较长,所以在造型时,无需刘海修饰。（ ）
48. 彩铅的表现技法和效果有一定局限,因此要尽量发挥它的表现优势。（ ）
49. 临摹真人图片不是依葫芦画瓢,要发挥它的色彩特点,抓住人物的特点。（ ）
50. 色彩的联想会由于观察者年龄、性别、性格、文化背景、宗教等因素的不同而不同。（ ）

51. 红色和白色可与任何色彩搭配。（   ）
52. 绘画表现人物肖像时，根据肌肉走向用笔可以更好地塑造人物的面部关系。（   ）
53. 人的身材在青年、中年、老年阶段身高的变化不明显，主要的改变在于胖瘦。
（   ）
54. 为表现骨骼的立体，用黑白两色画骨骼妆最好。（   ）
55. 在摄影化妆中，背景的颜色会影响模特皮肤和妆容的颜色。（   ）
56. 额骨是起伏不平的，女性尤为明显。（   ）
57. 不同的年龄段，人的皮肤、肌肉、骨骼、毛发均呈现不同的生理状态。（   ）
58. 为表现骨骼的立体，骨骼妆要注意白色处理。（   ）
59. 服装的配件色彩即是局部的点缀色彩，起调整和辅助的作用，使服装色彩更加完美，更具魅力。（   ）
60. 个性是服装色彩设计意识中的主体依据，个性是决定因素。（   ）

得分	
评分人	

二、单项选择题（第1题～第140题。选择一个正确的答案，将相应的字母填入题内的括号中。每题0.5分，满分70分）

1. 化妆师健康的心理可以通过不断地增加自我（   ）来培养。
   A. 修养　　　　B. 激励　　　　C. 暗示　　　　D. 意识
2. 化妆师工作集技术性、服务性、（   ）等特殊性质为一体。
   A. 科学性　　　B. 理论性　　　C. 艺术性　　　D. 实践性
3. 愉快的心境给人以精力充沛、（   ）、朝气蓬勃的感觉。
   A. 积极向上　　B. 奋发向上　　C. 健康　　　　D. 努力工作
4. 健康一般指的是（   ）的健康。
   A. 身心合一　　B. 身体　　　　C. 心态　　　　D. 体能
5. 建立独立的人格需将思想、目标、行动和（   ）统一起来。
   A. 语言　　　　B. 需要　　　　C. 情绪　　　　D. 精神

6. 化妆师要尽最大努力来培养，塑造令人愉快的个性和（　　）。
   A. 谈吐　　　　　B. 态度　　　　　C. 良好气质　　　D. 心情

7. 清晰悦耳的声音、亲切（　　）的谈吐也是体现化妆师风度的重要部分。
   A. 简洁　　　　　B. 动人　　　　　C. 专业　　　　　D. 高雅

8. 初次见面的第一句话，是留给对方的（　　），说好说坏，关系重大。
   A. 第一印象　　　B. 好感　　　　　C. 信号　　　　　D. 感觉

9. 顾客之间谈话时，化妆师不要（　　）。
   A. 趋前旁听　　　B. 不理不睬　　　C. 视而不见　　　D. 似听非听

10. 对初次见面的人，如果能用心了解对方的兴趣爱好，根据年龄性别特征来确定话题，会使对方非常（　　）。
    A. 心动　　　　　B. 感兴趣　　　　C. 反感　　　　　D. 紧张

11. 根据顾客的需要，选择（　　）不同的发套。
    A. 颜色　　　　　B. 大小　　　　　C. 尺寸　　　　　D. 款式

12. 生活发式要求（　　）易梳理，并考虑实用大方。
    A. 简单　　　　　B. 时尚　　　　　C. 中长　　　　　D. 发色

13. 盘发大致可分为晚装盘发、休闲盘发和（　　）。
    A. 婚礼盘发　　　B. 发髻盘发　　　C. 发辫盘发　　　D. 以上各项都正确

14. 表演化妆的（　　）与表演的形式、内容、空间，表演者的自身条件，光线和服装等因素有直接联系。
    A. 姿态　　　　　B. 技术　　　　　C. 妆型定位　　　D. 表现力

15. 16世纪末17世纪初，演员演出开始（　　）。
    A. 用化妆品粉饰　B. 戴面具　　　　C. 打灯光替代化妆　D. 不化妆

16. 油彩化妆后，用（　　）卸妆效果最好。
    A. 水　　　　　　B. 卸妆油　　　　C. 洗面奶　　　　D. 卸妆水

17. 以下最常用、最基本的表演化妆方法是（　　）。
    A. 填充法　　　　B. 绘画化妆法　　C. 立体化妆法　　D. 牵引法

18. 在化妆技法中运用（　　）关系来表现人物的结构是最为重要的因素。

A. 素描　　　　B. 色彩　　　　C. 冷暖　　　　D. 光影

19. 绘画化妆法的基本方法有（　　）。
    A. 涂、按压、擦抹、画　　　　B. 描、勾、点拍、擦抹
    C. 涂、画、勾、描　　　　　　D. 勾、按压、点拍、描

20. 最适合作为阴影色用以调整面部凹凸层次的颜色是（　　）。
    A. 米色　　　　B. 土色　　　　C. 浅红色　　　　D. 深棕色

21. 立体化妆的种类分为（　　）。
    A. 毛发、牵引、粘贴、绘画化妆　　　　B. 牵引、粘贴、塑型、绘画化妆
    C. 粘贴、塑型、绘画化妆、毛发　　　　D. 毛发、牵引、粘贴、塑型

22. 在牵引后的脸上化妆造型，就会比较容易地塑造出（　　）的形象。
    A. 年轻　　　　B. 年老　　　　C. 活泼　　　　D. 沉静

23. 塑型化妆有（　　）种。
    A. 1　　　　B. 2　　　　C. 3　　　　D. 4

24. 不同用途的模特妆型和化妆技法是（　　）。
    A. 相通的　　　　B. 一致的　　　　C. 不同的　　　　D. 可互换的

25. 造型师为广告模特设计广告时，除了要掌握（　　），还必须了解摄影用途、目的以及表现重点等知识。
    A. 模特身材　　　　B. 模特要求　　　　C. 舞台背景　　　　D. 造型技巧

26. 平面展示模特化妆需比动态广告模特更（　　）。
    A. 细致　　　　B. 粗糙　　　　C. 夸张　　　　D. 保守

27. 杂志模特如果注重模特肢体动作的表现，在化妆方面则应注重（　　）的效果。
    A. 脸部化妆　　　　B. 整体造型　　　　C. 发型梳理　　　　D. 服饰搭配

28. 护肤品广告模特，在化妆方面对（　　）的要求细腻。
    A. 皮肤　　　　B. 五官　　　　C. 眼睛　　　　D. 整体

29. 在化妆中，流行色的运用（　　）。
    A. 与流行妆型和材料无关　　　　B. 是流行妆型和材料同时并用
    C. 与妆型无关　　　　　　　　　D. 与材料无关

30. 流行风格对化妆的影响，说法不正确的是（   ）。
    A. 化妆与流行风格基本一致
    B. 不同风格的妆面有很大差异
    C. 化妆与整体风格的流行是相辅相成的
    D. 化妆独立于流行风格之外

31. 彩色电视对（   ）色反应较敏感强烈。
    A. 白   B. 红   C. 灰   D. 黑

32. 新闻电视节目主持人妆面适合选择（   ）型。
    A. 庄重   B. 艳丽   C. 前卫   D. 时尚

33. 娱乐类电视节目主持人的妆宜（   ）。
    A. 理智   B. 稳重   C. 欢快   D. 朴素

34. 歌舞表演妆要以（   ）为依据来选择妆面风格。
    A. 歌舞的内容 B. 演员的外貌 C. 化妆师的要求 D. 舞台背景

35. 彩妆色在黑白照片中表现为（   ）的层次。
    A. 黑白   B. 黑白灰   C. 无明显差别   D. 相同

36. 对彩色摄影化妆描述不正确的是（   ）。
    A. 进行彩色摄影人像的化妆对主题的表现有很大作用
    B. 彩色摄影化妆效果可后期加工，所以不用讲究精致
    C. 粉底应比平常更慎选颜色与质地
    D. 彩妆品要有较强附着力

37. 彩色眼影修饰发黑眼圈可用偏（   ）色遮盖。
    A. 亮粉绿   B. 亮粉红   C. 亮粉兰   D. 亮粉紫

38. 广告模特化妆最主要是精确地呈现（   ）。
    A. 模特内涵   B. 商品主题   C. 舞台风格   D. 顾客需求

39. 教学摄影化妆可分为（   ）和幻灯片两种。
    A. 教学录像带 B. 摄影技巧   C. 化妆技巧   D. 教学技巧

40. 物体在光线的照射下，显示着它的（   ）和空间。

A. 体积　　　　　B. 面积　　　　　C. 形状　　　　　D. 大小

41. 在偏弱的光线下化妆，然后再到光线较强的环境中，就会显得妆面（　　）。
    A. 很淡　　　　　B. 很重　　　　　C. 冷灰　　　　　D. 夸张

42. 以下对背景与化妆关系描述错误的是（　　）。
    A. 背景与妆色都为绿色调时，会产生统一效果
    B. 化妆时如果背景光很强，肤色选择应当很浅
    C. 化妆时如果背景光很强，肤色选择应当很深
    D. 背景与妆色为对比关系，产生突出效果

43. 世界上的人可以分为（　　）。
    A. 白种人、棕色种人、黑种人　　B. 白种人、黄种人、黑种人
    C. 黄种人、棕色种人、黑种人　　D. 黄种人、棕色种人、白种人

44. 中年时期，女性的眉毛和眼睫毛会有一定程度的（　　）。
    A. 浓密　　　　　B. 稀疏　　　　　C. 变白　　　　　D. 变灰

45. 表现骨骼妆的主要材料是（　　）。
    A. 眼影　　　　　B. 油彩　　　　　C. 眉毛　　　　　D. 水粉

46. 可以单独确定表情的肌肉有（　　）。
    A. 眼轮匝肌　　　B. 鼻肌　　　　　C. 额肌　　　　　D. 颊肌

47. 以下表情肌肉运动方向呈纵向的是（　　）。
    A. 额肌　　　　　B. 皱眉肌　　　　C. 口轮匝肌　　　D. 笑肌

48. 以下肌肉作用形成愁苦表情的是（　　）。
    A. 额肌　　　　　B. 笑肌　　　　　C. 皱眉肌　　　　D. 颊肌

49. 可通过（　　）的处理使人显胖。
    A. 圆腮红　　　　B. 高领遮颈　　　C. 对双下巴　　　D. 以上各项都正确

50. 在刻画瘦妆，塑造明暗转折关系时，主要的依据是脸部的（　　）。
    A. 皮肤结构　　　B. 肌肉结构　　　C. 骨骼结构　　　D. 皱纹纹理

51. 可通过（　　）的处理使人显瘦。
    A. 遮住前发际　　　　　　　　　　B. 对脸部两侧提亮

C. 太阳穴处提亮　　　　　　　　D. 颧骨下打阴影

52. 用化妆手段使人显胖时，以下说法错误的是（　　）。
    A. 生活中胖的人并非具有完全相同的特征
    B. 不同化妆手法的运用，使人显胖的程度不同
    C. 胖的老人面部结构与年轻人没什么两样
    D. 要从整体关系出发，强调面部与形体的统一性

53. 胖的人由于（　　），骨骼结构不是很明显。
    A. 面部圆润　　B. 凹凸明显　　C. 骨骼突出　　D. 肌理下垂

54. 颧弓下陷最深的地方是（　　）。
    A. 靠脸颊处　　　　　　　　　B. 靠耳珠的颧弓下边
    C. 靠耳珠的颧弓上　　　　　　D. 中间部位

55. 瘦的人一般面部骨骼凹凸明显，有较强的（　　）。
    A. 年龄感　　B. 性别感　　C. 骨感　　D. 肉感

56. 使人显胖的眼部化妆，以下方法错误的是（　　）。
    A. 以细小眼形为宜　　　　　　B. 使用欧式眼影
    C. 弱化眼影　　　　　　　　　D. 不刻意夸张

57. 使人显胖的腮红颜色（　　）。
    A. 偏冷色　　B. 略暗　　C. 略深　　D. 偏暖色

58. 画瘦妆时，想使脸形变小就要强调（　　）。
    A. 五官　　B. 眼睛　　C. 鼻子　　D. 嘴巴

59. 以下对胖瘦造型描述不正确的是（　　）。
    A. 发型与服饰可以帮助改变体态胖瘦
    B. 绘画化妆法可以体现任何程度的胖瘦
    C. 明显胖瘦特征的体现一定要考虑演员自身条件
    D. 绘画化妆法体现的胖瘦程度是有限的

60. 把人塑造成比自身胖或瘦的形象应了解瘦与胖的（　　）。
    A. 肤色深浅　　B. 骨骼结构　　C. 肌肉走向　　D. 鉴定范围

61. 在给中老年女演员化妆，展示其雅致风姿时，瘦者要注意（　　）。
    A. 使脸显骨感　　B. 使脸显丰满　　C. 使脸显长　　D. 使脸显瘦

62. 年龄妆造型是改变演员（　　）的化妆造型。
    A. 年龄　　　　B. 性格　　　　C. 皮肤　　　　D. 肌肉厚些

63. 在青年女演员脸上做中年人物造型时，（　　）。
    A. 可用透明珠光散粉塑造光泽时尚的皮肤
    B. 可用深棕色改变肤色
    C. 可用略比其肤色深的底色，强调健康、自然
    D. 可用棕黄色

64. 将青年演员化妆成中年时，错误的是（　　）。
    A. 40岁左右的中年感，肤色深暗一些
    B. 50岁左右的中年感底色偏黄棕些
    C. 男性肤色一般比青年妆略深
    D. 肤色肤质不变

65. 减少年龄感，肤色处理时，底色（　　）。
    A. 要有一定遮盖力　　　　　　B. 越薄越好
    C. 不可鲜明嫩亮　　　　　　　D. 略厚些

66. 减少年龄感，肤色处理时，底色不宜（　　）。
    A. 略深一些　　B. 越薄越好　　C. 鲜明嫩亮　　D. 略暗些

67. 增加年龄感，可以在（　　）处画上阴影。
    A. 颧骨　　　　B. 额角　　　　C. 鼻唇沟　　　D. 下颌

68. 以下对增加年龄感化妆方法描述错误的是（　　）。
    A. 眼袋靠内眼角处涂　　　　　B. 眼袋没有深浅变化
    C. 嘴角略下垂　　　　　　　　D. 亮色在影色下边是为起到衬托作用

69. 以下说法有误的是（　　）。
    A. 可用亮色减弱眼袋，颧骨下陷，眼窝、鼻唇沟的阴影使人年轻
    B. 减少年龄感，面部结构主要重在弱化

C. 使面部结构有骨感美可减少年龄感

D. 眼窝太凹使人显老，可用浅色提亮

70. 可在（　）处用亮色使人显年轻。
    A. 额丘　　　　B. 眼袋　　　　C. 颞线　　　　D. 颧丘

71. 外眼角部位出现（　）是一种衰老的信号。
    A. 鱼尾纹　　　B. 川字纹　　　C. 抬头纹　　　D. 笑纹

72. 肌肉的隆起使鼻翼与脸颊部位形成一道凹陷的浅沟，这就是（　）。
    A. 川字纹　　　B. 鱼尾纹　　　C. 鼻唇沟纹　　D. 嘴角纹

73. 在化妆时，表现皱纹有误的有（　）。
    A. 皱纹与凹凸要协调恰当
    B. 皱纹的深浅层次应当区分出来
    C. 画有胡子的男子时，皱纹可以省略
    D. 如演员本人年轻，凹凸与皱纹可以画得重一些

74. （　）是一组中间深两头淡的横向皱纹。
    A. 额纹　　　　B. 川字纹　　　C. 眼尾纹　　　D. 笑纹

75. 以下属于用化妆手法减少皱纹的是（　）。
    A. 打强光　　　B. 整形手术　　C. 柔光镜　　　D. 牵引法

76. 用牵引法减少皱纹需（　）的配合。
    A. 发型　　　　B. 服装　　　　C. 饰品　　　　D. 妆面

77. 为使粘贴的须发服帖且不留痕迹，胶水应该（　）。
    A. 越多越好　　B. 适当　　　　C. 越少越好　　D. 不用

78. 到了中年以后，许多人会出现头发脱落和稀少的现象，首先脱落的是（　）的头发。
    A. 头顶　　　　B. 两鬓　　　　C. 后枕　　　　D. 前额

79. 若一中年女演员要扮演少女角色时，发型尽量用（　）。
    A. 中分式样　　B. 蓬松式样　　C. 波浪式样　　D. 遮盖式样

80. 中年女演员扮演少女角色时，（　）数量多，发型饱满。

A. 发片　　　　B. 头发　　　　C. 饰品　　　　D. 眉毛

81. 表现中年时期的角色形象时，（　　）的变化最容易看出外表的变化。

　　A. 形体　　　　B. 皮肤　　　　C. 结构　　　　D. 发型

82. 每个人的骨骼结构与肌肉结构都会随着（　　）而发生微妙的或明显的变化。

　　A. 年龄　　　　B. 心情　　　　C. 性格　　　　D. 睡眠

83. 表现中年化妆技法，重要的是（　　）。

　　A. 肤色上的体现　　　　　　　　B. 个性上的体现
　　C. 角色上的体现　　　　　　　　D. 骨骼上的体现

84. 在化本色妆中，选择（　　）调整脸部结构时一般会采用两种以上的粉底色。

　　A. 眼影色　　　B. 唇膏色　　　C. 粉底色　　　D. 腮红色

85. 可以通过美目贴来矫正下垂的眼形，使人显（　　）。

　　A. 年轻　　　　B. 年纪大　　　C. 可爱　　　　D. 成熟

86. 为减少年龄感，（　　）要圆润，色彩明亮。

　　A. 唇的刻画　　B. 眉的描画　　C. 眼睛的描画　D. 鼻的描画

87. 在塑造中年妆的时候，（　　）最容易体现人物的年龄和气质。

　　A. 服装　　　　B. 发型　　　　C. 妆面　　　　D. 体形

88. 用牵引的方法减少皱纹必须要有（　　）。

　　A. 发型的配合　B. 脸部的调整　C. 妆面的描画　D. 演员的配合

89. 在化年龄妆时，人的（　　）变化就会在每个年龄段都有比较明显的变化。

　　A. 身材　　　　B. 脸部　　　　C. 身高　　　　D. 五官

90. 要在年轻人的脸上画出年龄结构感，不是在脸上随便画几条结构线就可以的，一定要（　　）。

　　A. 把面画好　　B. 把点画好　　C. 把线画好　　D. 线面结合

91. 想要让一张年轻的脸变老，并不在于使用底色，必须掌握（　　）老化结构。

　　A. 面部肌肉　　B. 骨骼　　　　C. 胡须　　　　D. 头发

92. 不同年龄段，人的皮肤、（　　）、骨骼、毛发等均呈现不同的生理状态。

　　A. 眼睛　　　　B. 嘴唇　　　　C. 肌肉　　　　D. 鼻子

93. 当仰视一向正前方看的对象时,其面部五官的横线都(　　)。

　　A. 向下边的视平线倾斜和集结　　B. 向上边的视平线倾斜和集结

　　C. 呈水平　　D. 呈不同斜向

94. 在素描习作中,若画面中该亮的不亮,不该深的地方太黑,反光画得太亮,就会出现(　　)的弊病。

　　A. 脏　　B. 灰　　C. 腻　　D. 花

95. 画素描时,要按照透视原理运用线条,防止(　　)。

　　A. 交错无序　　B. 粗细浓淡一样

　　C. 断断续续不连接　　D. 模糊不清

96. 速写头像常用的方法中,可以较快表现对象的是以(　　)为主的造型方法。

　　A. 线　　B. 明暗块面　　C. 线面结合明暗　　D. 色彩

97. 绘画化妆法主要运用(　　)的方式和原理。

　　A. 雕塑　　B. 绘画　　C. 图案　　D. 构成

98. 速写头像中,可较快表现对象的工具是(　　)。

　　A. 铅笔　　B. 彩铅　　C. 炭笔　　D. 炭精条

99. 中国古典诗词中所描写的"万绿丛中一点红",集中体现了色彩(　　)调和的方法。

　　A. 对比　　B. 面积　　C. 冷暖　　D. 节奏

100. 中国古典诗词中所描写的"万绿丛中一点红",体现的是色彩调和法中(　　)。

　　A. 统调法　　B. 间隔法　　C. 削弱法　　D. 面积法

101. 红色给人的第一印象是(　　)。

　　A. 冷艳　　B. 后退　　C. 灰暗　　D. 富有挑战性

102. 根据人的直觉和心理反应,将光和色划分的色性为(　　)。

　　A. 原色　　B. 复色　　C. 间色　　D. 冷色

103. 色彩除了具有冷暖感之外,还可以具有(　　)。

　　A. 软硬感　　B. 轻重感　　C. 进退感　　D. 以上各项都正确

104. 中差色相对比的服装组合效果具有较(　　)的特点。

A. 后退　　　　B. 明快　　　　C. 消极　　　　D. 迟钝

105. 临摹真人照片时，要选用（　　）工具。

　　　A. 彩铅笔　　　B. 工业用笔　　C. 毛笔　　　　D. 炭精条

106. 用彩铅作画，需要修改时，（　　）橡皮比较好用。

　　　A. 可塑橡皮　　B. 绘图橡皮　　C. 沙橡皮　　　D. 橡皮泥

107. 彩铅画最适宜选用（　　）。

　　　A. 铜版纸　　　B. 水粉纸　　　C. 宣画纸　　　D. 素描纸

108. 以下说法有误的是（　　）。

　　　A. 彩铅画不宜涂改，落笔要精心安排

　　　B. 水溶性彩铅干画时，效果同彩色铅笔

　　　C. 水溶性彩铅加水溶解用会出现水彩画效果

　　　D. 水溶性彩铅加水溶解用会出现水粉画效果

109. 皮毛质地的面料在帽、领、下摆三处的运用属（　　）呼应。

　　　A. 同形　　　　B. 同色　　　　C. 同质　　　　D. 同饰

110. 非对称式均衡会产生（　　）效果。

　　　A. 呆板　　　　B. 稳重　　　　C. 活跃　　　　D. 单调

111. 配件的色彩和形状必须和（　　）相配。

　　　A. 妆面　　　　B. 服装　　　　C. 发型　　　　D. 美甲

112. 服饰的搭配可以体现一个人的（　　）。

　　　A. 性格和品位　B. 气质　　　　C. 风度　　　　D. 信仰

113. 单色服装的配色应根据人的（　　）而异。

　　　A. 体形　　　　B. 肤色　　　　C. 脸型　　　　D. 五官

114. 体形偏瘦者一般适宜穿的色彩是（　　）。

　　　A. 亮色　　　　B. 冷色　　　　C. 鲜色　　　　D. 暖色

115. （　　）除了具有一定的功能作用外，也相当于服装上点的装饰。

　　　A. 领带　　　　B. 纽扣　　　　C. 腰带　　　　D. 腰包

116. 服饰配件的造型受到制作工艺和（　　）的限制，因此设计有一定的局限。

A. 材料　　　　B. 颜色　　　　C. 面料　　　　D. 价格

117. 以下描述正确的是（　　）。

　　A. 电视新闻女主播适宜佩戴夸张抢眼的饰物

　　B. 服饰配件的选择目的就是要夸张和夺目，否则就起不到装饰的作用

　　C. 服饰配件只要有独特个性即可，与整体形象无关

　　D. 服饰配件要与整体形象协调

118. （　　）风格的人服装选择强调做工细腻、款式典雅、面料垂感强。

　　A. 典雅　　　　B. 潇洒　　　　C. 浪漫　　　　D. 清纯

119. 服装色彩的设定依据不用考虑（　　）的对象因素。

　　A. 肤色　　　　B. 年龄　　　　C. 职业　　　　D. 价格

120. 服装色彩的设定依据要考虑的对象因素包括（　　）。

　　A. 肤色　　　　B. 年龄　　　　C. 职业　　　　D. 以上各项都正确

121. 若对象穿着一件白地红花的衣裙，为达成和谐的效果，饰物的色彩可以选择（　　）。

　　A. 黄色　　　　B. 红色　　　　C. 绿色　　　　D. 紫色

122. 肤色较黄的女性，适合佩戴色彩（　　）的饰品。

　　A. 偏暖　　　　B. 偏冷　　　　C. 含混　　　　D. 耀眼

123. 体现活泼、可爱、时尚生活发式，通常不会采用（　　）技巧塑造。

　　A. 拧绳　　　　B. 打结　　　　C. 编织　　　　D. 包发

124. 头发的（　　）等都是设计生活发式的重要考虑因素。

　　A. 长度　　　　B. 发量　　　　C. 发色　　　　D. 以上各项都正确

125. 在佩戴传统假发发套时要注意（　　）尺寸的选择。

　　A. 大小　　　　B. 款式　　　　C. 长短　　　　D. 内外

126. 根据顾客的需要，选择（　　）不同的发套。

　　A. 颜色　　　　B. 大小　　　　C. 尺寸　　　　D. 款式

127. 中式古典新娘盘发可以佩戴珠花、珠宝、（　　）。

　　A. 簪子　　　　B. 亮钻　　　　C. 头箍　　　　D. 皇冠

128. 一般拧绳、打结、扎马尾的手法能体现活泼、可爱、时尚的（　　）中的发式。
    A. 婚礼　　　　B. 生活　　　　C. 晚妆　　　　D. 舞台
129. （　　）发质，在倒梳时要加大力度。
    A. 细软发　　　B. 卷发　　　　C. 粗硬　　　　D. 绵法
130. 体现活泼、可爱、时尚生活发式，通常会采用（　　）等简单技巧塑造。
    A. 盘发　　　　B. 包发　　　　C. 波纹　　　　D. 扎马尾
131. 体现成熟、稳重、高贵的发型，通常会用（　　）等这些技巧塑造。
    A. 包发　　　　B. 打结　　　　C. 波纹　　　　D. 拧绳
132. 头小体形的人，在发型设计上应尽量用（　　）来修饰头型。
    A. 束发　　　　B. 盘发　　　　C. 蓬松的头发　　D. 超短发
133. 个子矮小的人最适宜留（　　）。
    A. 长发　　　　B. 短发　　　　C. 披肩发　　　　D. 长波浪
134. 体形高大的人头发不要烫的太卷，以（　　）为宜。
    A. 中长直发　　B. 中长卷发　　C. 短直发　　　　D. 盘发
135. 古代妇女发式种类多样，主要有（　　）。
    A. 簪子　　　　B. 钗子　　　　C. 珠花　　　　D. 以上各项都正确
136. 中老年人发饰要（　　），以显稳重。
    A. 繁复　　　　B. 简约　　　　C. 夸张　　　　D. 鲜艳
137. 蓝绿色服装配（　　）发型，色彩表现活泼。
    A. 白色　　　　B. 棕色　　　　C. 黑色　　　　D. 灰色
138. 发色与服装配色有两种选配规则，一种是（　　），另一种是邻近配色。
    A. 对比配色　　B. 互补配色　　C. 冷暖配色　　D. 相同配色
139. 与羽绒衣、滑雪衫相适应的发型为（　　），使之具有轻松自由飘逸的韵律美。
    A. 无规则卷发　B. 垂顺直发　　C. 简洁盘发　　D. 超短发
140. 典雅风格的女装，配合波浪形卷发，（　　）。
    A. 显得妩媚，具有飘逸之感　　　B. 清新自然
    C. 优雅柔美　　　　　　　　　　D. 帅气洒脱

化妆师（四级）理论知识试卷答案

一、判断题（第1题～第60题。将判断结果填入括号中。正确的填"√"，错误的填"×"。每题0.5分，满分30分）

1. ×　　2. ×　　3. ×　　4. ×　　5. ×　　6. ×　　7. √　　8. ×　　9. ×
10. √　11. √　12. √　13. √　14. √　15. ×　16. ×　17. √　18. √
19. ×　20. ×　21. √　22. ×　23. √　24. ×　25. ×　26. ×　27. √
28. ×　29. √　30. √　31. √　32. √　33. √　34. √　35. √　36. √
37. √　38. √　39. ×　40. √　41. √　42. √　43. √　44. ×　45. ×
46. ×　47. ×　48. √　49. ×　50. √　51. √　52. ×　53. √　54. ×
55. √　56. ×　57. √　58. ×　59. √　60. ×

二、单项选择题（第1题～第140题。选择一个正确的答案，将相应的字母填入题内的括号中。每题0.5分，满分70分）

1. A　　2. C　　3. B　　4. A　　5. B　　6. C　　7. D　　8. A　　9. A
10. B　11. D　12. A　13. A　14. C　15. A　16. B　17. B　18. A
19. C　20. D　21. D　22. A　23. B　24. C　25. D　26. A　27. B
28. A　29. B　30. D　31. B　32. A　33. C　34. A　35. B　36. B
37. B　38. B　39. A　40. A　41. B　42. A　43. C　44. B　45. B
46. C　47. A　48. C　49. D　50. C　51. D　52. C　53. A　54. C
55. C　56. B　57. D　58. A　59. B　60. D　61. B　62. A　63. C
64. D　65. B　66. C　67. C　68. B　69. C　70. B　71. A　72. C
73. C　74. A　75. D　76. A　77. B　78. D　79. D　80. B　81. C
82. A　83. B　84. C　85. B　86. A　87. B　88. B　89. B　90. D
91. A　92. C　93. B　94. B　95. B　96. D　97. B　98. B　99. B
100. D　101. D　102. C　103. D　104. B　105. A　106. C　107. A　108. D
109. C　110. C　111. A　112. A　113. A　114. C　115. A　116. A　117. D

118. A	119. D	120. D	121. B	122. A	123. D	124. D	125. B	126. D
127. A	128. B	129. C	130. D	131. A	132. C	133. B	134. A	135. D
136. B	137. B	138. A	139. A	140. C				

第6部分

操作技能考核模拟试卷

注 意 事 项

1. 考生根据操作技能考核通知单中所列的试题做好考核准备。

2. 请考生仔细阅读试题单中具体考核内容和要求,并按要求完成操作或进行笔答或口答,若有笔答请考生在答题卷上完成。

3. 操作技能考核时要遵守考场纪律,服从考场管理人员指挥,以保证考核安全顺利进行。

注:操作技能鉴定试题评分表及答案是考评员对考生考核过程及考核结果的评分记录表,也是评分依据。

国家职业资格鉴定

化妆师(四级)操作技能考核通知单

姓名:

准考证号:

考核日期:

试题 1

试题代码：1.1.1。

试题名称：面部彩妆设计稿——婚礼妆造型。

考核时间：60 min。

配分：20 分。

试题 2

试题代码：2.2.2。

试题名称：宴会妆——"怀旧之魅"主题宴会女性整体造型。

考核时间：70 min。

配分：45 分。

试题 3

试题代码：2.3.3。

试题名称：模特妆——"彩妆展示"中女模特整体造型。

考核时间：70 min。

配分：35 分。

化妆师（四级）操作技能鉴定

试 题 单

试题代码：1.1.1。

试题名称：面部彩妆设计稿——婚礼妆造型。

考核时间：60 min。

1. 操作条件

(1) 写生教室。

(2) 写生照明灯、背景布、写生台。

(3) 素描纸、画板、画架。

(4) 24色彩色铅笔、绘图铅笔、眼影、眼影刷、眉笔、橡皮、美工刀、图钉。

2. 操作内容

(1) 构图。

(2) 造型。

(3) 色彩。

(4) 技法。

(5) 神态。

(6) 画面效果。

3. 操作要求

(1) 构图

1) 主体突出。

2) 结构比例准确。

3) 画面布局均衡。

4) 大小适中。

(2) 造型

1) 抓住婚礼妆特征。

2) 比例准确。

3) 有立体、空间感。

4) 肖似对象。

(3) 色彩

1) 色彩丰富。

2) 色调和谐。

3) 明暗关系明确。

4) 色彩关系明确。

(4) 技法

1) 排线布局条理明确。

2) 熟练运用彩铅表达画面效果。

3) 熟练运用彩铅表达画面层次感。

4) 画面整洁。

(5) 神态

1) 表现生动。

2) 神形肖似婚礼妆造型。

3) 抓住形态特征。

4) 表情刻画肖似。

(6) 画面效果

1) 整体描绘。

2) 突出主体。

3) 画面色彩丰富。

4) 画面洁净。

化妆师（四级）操作技能鉴定
试题评分表及答案

考生姓名：　　　　　　　准考证号：

试题代码及名称			1.1.1 面部彩妆设计稿——婚礼妆造型		考核时间		60 min			
评价要素		配分	等级	评分细则	评定等级					得分
					A	B	C	D	E	
1	构图： 1) 主体突出 2) 结构比例准确 3) 画面布局均衡 4) 大小适中	2	A	全部达到要求						
			B	一项达不到要求						
			C	两项达不到要求						
			D	三项达不到要求						
			E	差或未答题						
2	造型： 1) 抓住婚礼妆特征 2) 比例准确 3) 有立体、空间感 4) 肖似对象	5	A	全部达到要求						
			B	一项达不到要求						
			C	两项达不到要求						
			D	三项达不到要求						
			E	差或未答题						
3	色彩： 1) 色彩丰富 2) 色调和谐 3) 明暗关系明确 4) 色彩关系明确	5	A	全部达到要求						
			B	一项达不到要求						
			C	两项达不到要求						
			D	三项达不到要求						
			E	差或未答题						
4	技法： 1) 排线布局条理明确 2) 熟练运用彩铅表达画面效果 3) 熟练运用彩铅表达画面层次感 4) 画面整洁	3	A	全部达到要求						
			B	一项达不到要求						
			C	两项达不到要求						
			D	三项达不到要求						
			E	差或未答题						

续表

试题代码及名称		1.1.1 面部彩妆设计稿——婚礼妆造型			考核时间			60 min		
评价要素		配分	等级	评分细则	评定等级					得分
					A	B	C	D	E	
5	神态： 1）表现生动 2）神形肖似婚礼妆造型 3）抓住形态特征 4）表情刻画肖似	3	A	全部达到要求						
			B	一项达不到要求						
			C	两项达不到要求						
			D	三项达不到要求						
			E	差或未答题						
6	画面效果： 1）整体描绘 2）突出主体 3）画面色彩丰富 4）画面洁净	2	A	全部达到要求						
			B	一项达不到要求						
			C	两项达不到要求						
			D	三项达不到要求						
			E	差或未答题						
合计配分		20		合计得分						

考评员（签名）：

等级	A（优）	B（良）	C（及格）	D（较差）	E（差或未答题）
比值	1.0	0.8	0.6	0.2	0

"评价要素"得分＝配分×等级比值。

化妆师（四级）操作技能鉴定

试 题 单

试题代码：2.2.2。

试题名称：宴会妆——"怀旧之魅"主题宴会女性整体造型。

考核时间：70 min。

1. 操作条件

（1）常用化妆用品及工具。

（2）常用发型用品及工具。

（3）发饰品、服饰品。

（4）服装。

（5）模特（女性）：面部没经化妆，发型未经修饰。

2. 操作内容

（1）化妆准备工作。

（2）皮肤的修饰。

（3）面部比例调整。

（4）脸形的修饰。

（5）眉的修饰。

（6）眼部修饰。

（7）鼻部修饰。

（8）脸颊修饰。

（9）唇部修饰。

（10）整体效果。

（11）化妆结束工作。

（12）个人仪表。

（13）人际交流与沟通。

(14) 主题思想表述。

3. 操作要求

(1) 化妆准备工作

1) 工作有条不紊。

2) 物品摆放整齐合理。

3) 化妆品及相关用品准备齐全。

4) 模特妆前准备（头带、胸巾）。

(2) 皮肤的修饰

1) 正确选择粉底。

2) 瑕疵遮盖完美。

3) 底色涂抹均匀。

4) 塑造符合妆型的肤色、肤质，反映怀旧、古典的气质。

5) 注意身体裸露部位的皮肤修饰。

6) 有立体层次感。

(3) 面部比例调整

1) 通过化妆技术，合理调整面部基本比例，达到美的要求。

2) 三庭五眼比例调整恰当。

3) 面部基本比例调整恰当。

4) 五官与面部比例匀称。

(4) 脸形的修饰

1) 适合宴会妆及模特的特点。

2) 把握修饰尺度，不因矫正而失真。

3) 自然，不生硬。

4) 修饰技巧运用合理。

(5) 眉的修饰

1) 符合妆型和模特的特点。

2) 眉色浓淡恰当。

3）过渡自然。

4）线条流畅、清晰。

5）眉形对称。

6）有修饰感，突显美丽。

（6）眼部修饰

1）眼部修饰方法适合模特眼部条件。

2）眼影色彩选择和搭配符合妆型和模特的特点。

3）眼影渲染均匀，过渡自然。

4）眼线自然流畅。

5）睫毛粘贴自然美观，符合妆型。

（7）鼻部修饰

1）形与色的刻画上都能符合妆型主题。

2）鼻影部位准确。

3）修饰适度，不露痕迹。

4）无生硬感。

（8）脸颊修饰

1）形与色的刻画符合妆型。

2）腮红部位准确，适合脸型。

3）色彩柔和真实，与整体妆色协调。

4）左右对称。

（9）唇部修饰

1）形与色的刻画上都能符合妆型。

2）唇形准确，适合脸形。

3）色彩与整体妆色协调。

4）唇形完美，对称。

（10）整体效果

1）妆型主题鲜明。

2）妆型符合"怀旧之魅"主题宴会造型的要求，体现雅致、古典的个人魅力。

3）发式、服饰选择与整体效果协调统一。

4）局部与整体相协调，达到美的统一。

(11) 化妆结束工作

1）为顾客整理衣物。

2）引领客人离场。

3）清理工作台。

4）保持环境卫生。

(12) 个人仪表

1）束发。

2）无发丝下垂。

3）化淡妆。

4）仪容仪表得体。

(13) 人际交流与沟通

1）微笑待客。

2）使用礼貌用语："您好""请""谢谢"等。

3）能适当运用身体语言为顾客服务。

4）在操作全过程中，体现顾客至上的精神。

(14) 主题思想表述

1）口述介绍出完整的设计构思。

2）思路清晰，逻辑性强。

3）围绕主题，表达能力强。

4）用语专业，简洁明了。

化妆师（四级）操作技能鉴定

试题评分表及答案

考生姓名：　　　　　　　准考证号：

试题代码及名称			2.2.2 宴会妆——"怀旧之魅"主题宴会女性整体造型		考核时间		70 min			
评价要素		配分	等级	评分细则	评定等级					得分
					A	B	C	D	E	
1	化妆准备工作： 1) 工作有条不紊 2) 物品摆放整齐合理 3) 化妆品及相关用品准备齐全 4) 模特妆前准备（头带、胸巾）	1	A	全部达到要求						
			B	一项达不到要求						
			C	两项达不到要求						
			D	三项达不到要求						
			E	差或未答题						
2	皮肤的修饰： 1) 正确选择粉底 2) 瑕疵遮盖完美 3) 底色涂抹均匀 4) 塑造符合妆型的肤色、肤质，反映怀旧、古典的气质 5) 注意身体裸露部位的皮肤修饰 6) 有立体层次感	3	A	全部达到要求						
			B	一项达不到要求						
			C	两项达不到要求						
			D	三项达不到要求						
			E	差或未答题						
3	面部比例调整： 1) 通过化妆技术，合理调整面部基本比例，达到美的要求 2) 三庭五眼比例调整恰当 3) 面部基本比例调整恰当 4) 五官与面部比例匀称	3	A	全部达到要求						
			B	一项达不到要求						
			C	两项达不到要求						
			D	三项达不到要求						
			E	差或未答题						

续表

试题代码及名称		2.2.2 宴会妆——"怀旧之魅"主题宴会女性整体造型			考核时间			70 min		
评价要素		配分	等级	评分细则	评定等级					得分
					A	B	C	D	E	
4	脸形的修饰： 1）符合宴会妆及模特的特点 2）把握修饰尺度，不因矫正而失真 3）自然，不生硬 4）修饰技巧运用合理	3	A	全部达到要求						
			B	一项达不到要求						
			C	两项达不到要求						
			D	三项达不到要求						
			E	差或未答题						
5	眉的修饰： 1）符合妆型和模特的特点 2）眉色浓淡恰当 3）过渡自然 4）线条流畅、清晰 5）眉形对称 6）有修饰感，突显美丽	4	A	全部达到要求						
			B	一项达不到要求						
			C	两项达不到要求						
			D	三项达不到要求						
			E	差或未答题						
6	眼部修饰： 1）眼部修饰方法适合模特眼部条件 2）眼影色彩选择和搭配符合妆型和模特的特点 3）眼影渲染均匀，过渡自然 4）眼线自然流畅 5）睫毛粘贴自然美观，符合妆型	7	A	全部达到要求						
			B	一项达不到要求						
			C	两项达不到要求						
			D	三项达不到要求						
			E	差或未答题						

续表

试题代码及名称		2.2.2 宴会妆——"怀旧之魅"主题宴会女性整体造型		考核时间		70 min				
评价要素		配分	等级	评分细则	评定等级					得分
					A	B	C	D	E	
7	鼻部修饰： 1）形与色的刻画上都能符合妆型主题 2）鼻影部位准确 3）修饰适度，不露痕迹 4）无生硬感	2	A	全部达到要求						
			B	一项达不到要求						
			C	两项达不到要求						
			D	三项达不到要求						
			E	差或未答题						
8	脸颊修饰： 1）形与色的刻画符合妆型 2）腮红部位准确，适合脸型 3）色彩柔和真实，与整体妆色协调 4）左右对称	2	A	全部达到要求						
			B	一项达不到要求						
			C	两项达不到要求						
			D	三项达不到要求						
			E	差或未答题						
9	唇部修饰： 1）形与色的刻画上都能符合妆型 2）唇形准确，适合脸形 3）色彩与整体妆色协调 4）唇形完美，对称	3	A	全部达到要求						
			B	一项达不到要求						
			C	两项达不到要求						
			D	三项达不到要求						
			E	差或未答题						
10	整体效果： 1）妆型主题鲜明 2）妆型符合"怀旧之魅"主题宴会造型的要求，体现雅致、古典的个人魅力 3）发式、服饰选择与整体效果协调统一 4）局部与整体相协调，达到美的统一	8	A	全部达到要求						
			B	一项达不到要求						
			C	两项达不到要求						
			D	三项达不到要求						
			E	差或未答题						

续表

试题代码及名称		2.2.2 宴会妆——"怀旧之魅"主题宴会女性整体造型			考核时间	70 min					
评价要素		配分	等级	评分细则	评定等级					得分	
					A	B	C	D	E		
11	化妆结束工作： 1）为顾客整理衣物 2）引领客人离场 3）清理工作台 4）保持环境卫生	1	A	全部达到要求							
			B	一项达不到要求							
			C	两项达不到要求							
			D	三项达不到要求							
			E	差或未答题							
12	个人仪表： 1）束发 2）无发丝下垂 3）化淡妆 4）仪容仪表得体	1	A	全部达到要求							
			B	一项达不到要求							
			C	两项达不到要求							
			D	三项达不到要求							
			E	差或未答题							
13	人际交流与沟通： 1）微笑待客 2）使用礼貌用语："您好""请""谢谢"等 3）能适当运用身体语言为顾客服务 4）在操作全过程中，体现顾客至上的精神	2	A	全部达到要求							
			B	一项达不到要求							
			C	两项达不到要求							
			D	三项达不到要求							
			E	差或未答题							
14	主题思想表述： 1）口述介绍出完整的设计构思 2）思路清晰，逻辑性强 3）围绕主题，表达能力强 4）用语专业，简洁明了	5	A	全部达到要求							
			B	一项达不到要求							
			C	两项达不到要求							
			D	三项达不到要求							
			E	差或未答题							
合计配分		45		合计得分							

考评员（签名）：

等级	A（优）	B（良）	C（及格）	D（较差）	E（差或未答题）
比值	1.0	0.8	0.6	0.2	0

"评价要素"得分＝配分×等级比值。

化妆师（四级）操作技能鉴定

试 题 单

试题代码：2.3.3。

试题名称：模特妆——"彩妆展示"中的女模特整体造型。

考核时间：70 min。

1. 操作条件

（1）常用化妆用品及工具。

（2）常用发型用品及工具。

（3）发饰品、服饰品、服装等。

（4）模特1人：面部未经化妆，发型未经修饰。

2. 操作内容

（1）化妆准备工作。

（2）皮肤的修饰。

（3）脸形的修饰。

（4）眉的修饰。

（5）眼部修饰。

（6）鼻部修饰。

（7）脸颊修饰。

（8）唇部修饰。

（9）整体效果。

（10）化妆结束工作。

（11）个人仪表。

（12）人际交流与沟通。

（13）主题思想表述。

3. 操作要求

(1) 化妆准备工作

1) 工作有条不紊。

2) 物品摆放整齐合理。

3) 化妆品及相关用品准备齐全。

4) 模特妆前准备（头带、胸巾）。

(2) 皮肤的修饰

1) 塑造符合妆型的肤色、肤质，反映彩妆展示造型的气质。

2) 符合模特的特点及妆面要求。

3) 注意身体裸露部位的皮肤修饰。

(3) 脸形的修饰

1) 通过化妆技术，合理调整面部基本比例，达到美的要求。

2) 三庭五眼比例调整恰当。

3) 五官与面部比例匀称。

4) 把握修饰尺度，不因矫正而失真。

5) 自然，不生硬，修饰技巧运用合理。

6) 符合模特妆及模特的特点。

(4) 眉的修饰

1) 符合妆型和模特的特点。

2) 眉色浓淡恰当。

3) 过渡自然。

4) 线条流畅、清晰。

5) 眉形对称。

6) 有修饰感，突显美丽。

(5) 眼部修饰

1) 眼部修饰紧扣主题，符合命题，适合模特眼部条件。

2) 眼部设计反映不同用途、风格的造型要求。

3) 眼影色彩选择和搭配符合妆型和模特的特点。

4）眼线自然流畅。

5）睫毛粘贴自然美观，符合妆型。

（6）鼻部修饰

1）形与色的刻画上都能符合妆型主题。

2）鼻影部位准确。

3）修饰适度，不露痕迹。

4）无生硬感。

（7）脸颊修饰

1）形与色的刻画符合妆型。

2）腮红部位准确，适合脸形。

3）色彩柔和真实，与整体妆色协调。

4）左右对称。

（8）唇部修饰

1）形与色的刻画上都能符合妆型。

2）唇形准确，适合脸形。

3）色彩与整体妆色协调。

4）唇形完美，对称。

（9）整体效果

1）妆型主题鲜明。

2）妆型符合"彩妆展示"中女模特造型主题要求，突出彩妆造型人物气质。

3）发式、服饰选择与整体效果协调统一。

4）局部与整体相协调，达到美的统一。

（10）化妆结束工作

1）为顾客整理衣物。

2）引领客人离场。

3）清理工作台。

4）保持环境卫生。

(11) 个人仪表

1) 束发。

2) 无发丝下垂。

3) 化淡妆。

4) 仪容仪表得体。

(12) 人际交流与沟通

1) 微笑待客。

2) 使用礼貌用语:"您好""请""谢谢"等。

3) 能适当运用身体语言为顾客服务。

4) 在操作全过程中,体现顾客至上的精神。

(13) 主题思想表述

1) 口述介绍出完整的设计构思。

2) 思路清晰,逻辑性强。

3) 围绕主题,表达能力强。

4) 用语专业,简洁明了。

化妆师（四级）操作技能鉴定

试题评分表及答案

考生姓名：　　　　　　　　　　准考证号：

试题代码及名称			2.3.3　模特妆"彩妆展示"中的女模特整体造型		考核时间		70 min		
评价要素		配分	等级	评分细则	评定等级				得分
					A	B	C	D	E
1	化妆准备工作： 1）工作有条不紊 2）物品摆放整齐合理 3）化妆品及相关用品准备齐全 4）模特妆前准备（头带、胸巾）	1	A	全部达到要求					
			B	一项达不到要求					
			C	两项达不到要求					
			D	三项达不到要求					
			E	差或未答题					
2	皮肤的修饰： 1）塑造符合妆型的肤色、肤质，反映彩妆展示造型的气质 2）符合模特的特点及妆面要求 3）注意身体裸露部位的皮肤修饰	3	A	全部达到要求					
			B	一项达不到要求					
			C	两项达不到要求					
			D	三项达不到要求					
			E	差或未答题					
3	脸型的修饰： 1）通过化妆技术，合理调整面部基本比例，达到美的要求 2）三庭五眼比例调整恰当 3）五官与面部比例匀称 4）把握修饰尺度，不因矫正而失真 5）自然，不生硬，修饰技巧运用合理 6）符合模特妆及模特的特点	3	A	全部达到要求					
			B	一项达不到要求					
			C	两项达不到要求					
			D	三项达不到要求					
			E	差或未答题					

续表

试题代码及名称			2.3.3 模特妆"彩妆展示"中的女模特整体造型		考核时间			70 min		
评价要素		配分	等级	评分细则	评定等级					得分
					A	B	C	D	E	
4	眉的修饰： 1）符合妆型和模特的特点 2）眉色浓淡恰当 3）过渡自然 4）线条流畅、清晰 5）眉形对称 6）有修饰感，突显美丽	3	A	全部达到要求						
			B	一项达不到要求						
			C	两项达不到要求						
			D	三项达不到要求						
			E	差或未答题						
5	眼部修饰： 1）眼部修饰紧扣主题，符合命题，适合模特眼部条件 2）眼部设计反映不同用途、风格的造型要求 3）眼影色彩选择和搭配符合妆型和模特的特点 4）眼线自然流畅 5）睫毛粘贴自然美观，符合妆型	6	A	全部达到要求						
			B	一项达不到要求						
			C	两项达不到要求						
			D	三项达不到要求						
			E	差或未答题						
6	鼻部修饰： 1）形与色的刻画上都能符合妆型主题 2）鼻影部位准确 3）修饰适度，不露痕迹 4）无生硬感	1	A	全部达到要求						
			B	一项达不到要求						
			C	两项达不到要求						
			D	三项达不到要求						
			E	差或未答题						
7	脸颊修饰： 1）形与色的刻画符合妆型 2）腮红部位准确，适合脸形 3）色彩柔和真实，与整体妆色协调 4）左右对称	1	A	全部达到要求						
			B	一项达不到要求						
			C	两项达不到要求						
			D	三项达不到要求						
			E	差或未答题						

续表

试题代码及名称			2.3.3 模特妆"彩妆展示"中的女模特整体造型		考核时间		70 min		
评价要素		配分	等级	评分细则	评定等级				得分
					A	B	C	D	E	
8	唇部修饰： 1) 形与色的刻画上都能符合妆型 2) 唇形准确，适合脸形 3) 色彩与整体妆色协调 4) 唇形完美，对称	2	A	全部达到要求						
			B	一项达不到要求						
			C	两项达不到要求						
			D	三项达不到要求						
			E	差或未答题						
9	整体效果： 1) 妆型主题鲜明 2) 妆型符合"彩妆展示"中女模特造型主题要求，突出彩妆造型人物气质 3) 发式、服饰选择与整体效果协调统一 4) 局部与整体相协调，达到美的统一	6	A	全部达到要求						
			B	一项达不到要求						
			C	两项达不到要求						
			D	三项达不到要求						
			E	差或未答题						
10	化妆结束工作： 1) 为顾客整理衣物 2) 引领客人离场 3) 清理工作台 4) 保持环境卫生	1	A	全部达到要求						
			B	一项达不到要求						
			C	两项达不到要求						
			D	三项达不到要求						
			E	差或未答题						
11	个人仪表： 1) 束发 2) 无发丝下垂 3) 化淡妆 4) 仪容仪表得体	1	A	全部达到要求						
			B	一项达不到要求						
			C	两项达不到要求						
			D	三项达不到要求						
			E	差或未答题						

续表

试题代码及名称			2.3.3 模特妆"彩妆展示"中的女模特整体造型		考核时间			70 min	
评价要素		配分	等级	评分细则	评定等级				得分
					A	B	C	D	E	
12	人际交流与沟通： 1）微笑待客 2）使用礼貌用语："您好""请""谢谢"等 3）能适当运用身体语言为顾客服务 4）在操作全过程中，体现顾客至上的精神	2	A	全部达到要求						
			B	一项达不到要求						
			C	两项达不到要求						
			D	三项达不到要求						
			E	差或未答题						
13	主题思想表述： 1）口述介绍出完整的设计构思 2）思路清晰，逻辑性强 3）围绕主题，表达能力强 4）用语专业，简洁明了	5	A	全部达到要求						
			B	一项达不到要求						
			C	两项达不到要求						
			D	三项达不到要求						
			E	差或未答题						
合计配分		35		合计得分						

考评员（签名）：

等级	A（优）	B（良）	C（及格）	D（较差）	E（差或未答题）
比值	1.0	0.8	0.6	0.2	0

"评价要素"得分＝配分×等级比值。